走好，旧时光

——做当下最美的自己

吕宁◎编著

北京工业大学出版社

图书在版编目(CIP)数据

走好，旧时光：做当下最美的自己 / 吕宁编著.
—北京：北京工业大学出版社，2014.7

ISBN 978-7-5639-3923-7

Ⅰ.①走… Ⅱ.①吕… Ⅲ.①人生哲学—通俗读物
Ⅳ.①B821-49

中国版本图书馆 CIP 数据核字（2014）第 111243 号

走好，旧时光——做当下最美的自己

编　　著：吕　宁
责任编辑：贺　帆
封面设计：翼之扬设计
出版发行：北京工业大学出版社
（北京市朝阳区平乐园 100 号　邮编：100124）
010-67391722（传真）　bgdcbs@sina.com
出 版 人：郝　勇
经销单位：全国各地新华书店
承印单位：九洲财鑫印刷有限公司
开　　本：787毫米×1092毫米　1/16
印　　张：16.75
字　　数：209 千字
版　　次：2014 年 7 月第 1 版
印　　次：2014 年 7 月第 1 次印刷
标准书号：ISBN 978-7-5639-3923-7
定　　价：30.00 元

前　言

南宋词人蒋捷在《虞美人·听雨》中写道：“少年听雨歌楼上，红烛昏罗帐。壮年听雨客舟中，江阔云低，断雁叫西风。而今听雨僧庐下，鬓已星星也。悲欢离合总无情，一任阶前，点滴到天明。”

想想吧，当你少年的时候，当你壮年的时候，当你鬓角发白的时候，听雨，多么美好、浪漫的事情，却因为时间的改变而流离了喜悦。

昨天的喜怒哀乐，都是逝去的云烟，明天的镜花水月，都是想象中的幻影，唯有今天才是脚踏实地的拥有。

所有的一切都发生在当下。不要执着于一些外在的、稍纵即逝的东西，因为不管你有多执着，都无法改变“已失去”的现实，而当你关注生命中的“爱、美、智慧”时，你就得到了永恒的寄托，就抓住了灵性的力量，苦恼也将离你而去。

心系当下，我们才能找到强大的力量，找到获得平和与宁静的入口，激发出潜在的能量，爆发出全部的潜能。

在时间面前，无论贫穷、富有、高贵、低贱，你都是它的宠儿。在时间面前，做个无惧的勇者吧！把昨天踩在脚下，把今天握在手里，像夸父一样追求你的梦，像雄鹰一样放飞你的自由。每一天都应独一无二，每个人都应幸福无恙。万古乾坤，百年身世，这样的每一天，这样的一辈子，都只在你的手里。

做当下最美的自己，不执着于逝去，不忧虑于将来。试着祛除内心的隐痛，做到真正地回归宁静祥和、幸福安好。让春继续暖，让花继续开，流水落花随风去，嫣红一片任秋浓。

本书充满真诚和智慧的力量，是一场心灵回归的盛宴，是当今浮躁社会中一剂难得的清心剂，能够帮助人们获得心灵的抚慰与恒久的心理满足。本书文字格调清新淡雅，如泉水般清凉入心，使人清醒。

目　录

第一章　前尘往事莫追，珍惜拥有是福

记忆盛不下太多的往事 ………………………………… 002
忘记过去，才能重新开始，继续向前 ………………… 004
学会忘却，学会宽恕自己 ……………………………… 006
适当地忘记并不是一种损失 …………………………… 008
好好珍惜手中的所有 …………………………………… 010
沉溺于过去的错误之中只会更失败 …………………… 012
不要让自己重复过去 …………………………………… 015
放下，是改变的开始 …………………………………… 017

第二章　不念过往，不贪未来

人生没有彩排 …………………………………………… 020
人生中最重要的时光就是“现在” …………………… 021

唯一存在的是"当下" …… 024
"现在"最为宝贵 …… 027
往事如烟，未来像雾 …… 029
活在当下，才不会有悲哀和恐惧的空间 …… 032
永远对当下说"是的" …… 034
把握好今天，才拥有一个真实的自己 …… 036

第三章　淡泊从容，走好人生路

为自己找一个淡泊的心境 …… 040
平常心，一剂生活的良药 …… 043
放弃凡俗的喧嚣，才能拥有心的宁静 …… 046
知足常乐、知足常安 …… 049
尽力就好，让结果顺其自然 …… 051
生活中处处都有缺憾 …… 054
适时退让，才能冲得更远 …… 057
固执己见，是给人生布设障碍 …… 061

第四章　心若放宽，时时都是春天

凡事适可而止 …… 064
给心灵留一些空间 …… 067
完美只存在于想象中 …… 068
世上本无完美，不必过于苛求 …… 070

放得下，才是真正的富有 ………………………………… 073
用智慧的剪刀去修剪欲望 ………………………………… 076
用宽容浇灭愤怒之火 …………………………………… 079
多一些包容，就多一些和谐 ……………………………… 081
不做钱财的奴隶 ………………………………………… 082
以人性驾驭物性，便是知足 ……………………………… 084

第五章　享受孤独，品味寂寞

学会独处，自己面对自己 ………………………………… 088
孤独，一种绝美的心境 ………………………………… 090
独处，人生的美好时刻 ………………………………… 092
寂寞，是心灵的避难所 ………………………………… 094
勇于尝试，寻求另一条生路，即使这条路是孤独的 …… 096
做个独立的人，最重要的是肯定自己 …………………… 098
即使独行，也要找份真挚的友谊 ………………………… 100

第六章　常怀感恩，喜乐无忧

时刻怀有感恩之心 ……………………………………… 104
常做报恩之事，常有施恩之德 …………………………… 106
相信自己，也要相信别人 ………………………………… 108
善待别人，也是在善待自己 ……………………………… 110
怀着一颗感恩之心好好生活 ……………………………… 112

在残缺的生活中品味快乐 …………………………… 114

第七章　家是心灵的港湾，不是永恒的战场

好身体，坏记忆，家庭幸福的前提 …………………… 118
婚姻，不是一个人独舞 ……………………………… 120
珍惜身边的每一份真情 ……………………………… 122
家人，是你一辈子的牵挂和幸福 …………………… 124

第八章　规划好人生，走出光明道

给自己一个看得着的射击靶 ………………………… 128
不断设定目标，迎接挑战 …………………………… 134
若要成大事，必须做好当下小事 …………………… 137
今天的学习比明天的希望更重要 …………………… 139
循序渐进地走自己的路 ……………………………… 141
从开始到成功，需要一段距离 ……………………… 144
莫把自己放错位 ……………………………………… 146

第九章　阳光的心情，灿烂的人生

不一样的心态，不一样的人生 ……………………… 150

心态好了，人生就美了 …………………………………… 152
没有追求，就没有真正的人生 ……………………………… 155
点亮一盏心灯 …………………………………………… 158
心中存爱，微笑面对生活 ………………………………… 160
不要预支明天的烦恼 ……………………………………… 162
期望效应能够“点石成金” ………………………………… 164
向完美挑战 ……………………………………………… 167

第十章　去繁就简，简单最美

生活其实很简单 ………………………………………… 172
用减法平衡生活 ………………………………………… 174
在简单的生活中寻求快乐 ………………………………… 176
从心理时间上解放出来 …………………………………… 177
放慢节奏，从容生活 ……………………………………… 179
需求越少，快乐越多 ……………………………………… 181

第十一章　一路高歌，品尝人生百味

有兴趣才会有激情 ………………………………………… 186
前进的路上别忘欣赏路边的风景 ………………………… 190
生活需要的是欢笑 ………………………………………… 192
人生因勤奋而辉煌 ………………………………………… 195
抛开自卑，让心情放飞 …………………………………… 197

拒绝空虚，让生活充实起来 …………………………………… 201
别拿借口做挡箭牌 ………………………………………………… 202
像拥抱幸福一样拥抱苦难 ……………………………………… 205
嫉妒是一剂毒药 …………………………………………………… 208

第十二章　荆棘路上，别忘微笑

人生从没有过“谷” ……………………………………………… 212
困境是上天赐予的礼物 ………………………………………… 215
苦难是一所最好的大学 ………………………………………… 218
逆境中绽放奇迹的花朵 ………………………………………… 221
逆境中勇往直前 …………………………………………………… 222
在自己的心头点燃一根火柴 …………………………………… 224
逆境给人宝贵的磨炼机会 ……………………………………… 227
世上没有绝望的处境 …………………………………………… 229
战胜了自己，就战胜了一切 …………………………………… 231

第十三章　执着地坚守，终有花开之日

信念决定一切 ……………………………………………………… 238
看清方向再朝前走 ………………………………………………… 240
永远忠于自己的信念 ……………………………………………… 243
请先不要说放弃 …………………………………………………… 245
认识自己，才会靠近成功 ……………………………………… 247

追逐梦想，享受过程 …………………………………………… 250
追逐梦想，就是追随奇迹 ………………………………… 253
不要恐惧过程中的风雨 ……………………………………… 254

第一章

前尘往事莫追，珍惜拥有是福

上天赐给我们最宝贵的礼物之一便是“遗忘”。而在人生的路上，并非都是良辰美景、风花雪月，有时还会遇到各种各样的不幸和打击。这时，我们就要学会选择性地进行遗忘。记忆盛不下太多的往事，一路走来，我们注定要忘记许多人与事。学会忘记是“去粗取精”，只有忘记那些应该忘记的，需要牢记的才会留存在心中。

记忆盛不下太多的往事

过去的已经过去，我们可以遗忘，忘却心中的苦闷与烦恼，期待未来，勇敢地迈开脚步前进。

上天赐给我们最宝贵的礼物之一便是“遗忘”。而在人生的路上，并非都是良辰美景、风花雪月，有时还会遇到各种各样的不幸和打击。这时，我们就要学会选择性地进行遗忘。记忆盛不下太多的往事，一路走来，我们注定要忘记许多人与事。学会忘记是“去粗取精”，只有忘记那些应该忘记的，需要牢记的才会留存在心中。

很多时候，我们要学会选择遗忘。因为，我们不想让记忆中那些曾经的悲伤，在不经意的触碰中又赤裸裸地显露出来。而那从未真正愈合的伤口，就会因此涌出滚烫的血液。那种殷红，触目惊心！而心会更疼！遗忘，便是最好的方法了。

遗忘，并不是逃避，而是给予受伤的心以另一种安慰；遗忘，并不是自欺欺人，而是抚平伤口的另一种方式；遗忘，对于我们而言，或许，并不是一件坏事。遗忘在困难时的懦弱，用坚强与执着，换来洋溢着成功的笑脸；遗忘与朋友的矛盾，彼此并肩作战，实现彼此最初的梦想；遗忘对自己的怀疑，张开自信的风帆远航，驶向成功；遗忘从前的种种不悦，让我们以朝气蓬勃的姿态，重新出发；遗忘曾经的得意扬扬，让我们用一丝不苟的态度，赢得更热烈的掌声！就算没有明天，就算前方还是黑暗，可是如果心间温暖，便也不会害怕。所以，我们要学会选择遗忘，遗忘悲伤，将那些温暖的记忆留于心中，温暖于心。

昨天的快乐不会使今天快乐，因为快乐容易挥发；昨天的痛苦会使今天更痛苦，因为痛苦容易沉淀。可是，过去的已经过去，我们可以遗忘，忘却心中的苦闷与烦恼，期待未来，勇敢地迈开脚步前进。

我们之所以会不快乐，就是因为那些不快乐的想法总会萦绕在我们的脑海中。我们应该学会遗忘，该过去的就让它过去，没有必要总跟自己过不去，而这也会让心胸变得更加宽广，对我们处理人际关系和开展事业也是有好处的。

古人云："天下本无事，庸人自扰之"。细细想来，还真是这么个理儿。人生不如意事十之八九，遇到不顺心、对自己生活无益的人和事，能够学会遗忘，放下思想的包袱，把心放宽，何乐而不为？

人生路漫漫，让我们多留些快乐的记忆给自己。所以，让我们学会忘记那些不快，记住那些快乐时光，我们的生活自然就会充满阳光。

学会忘却，也就学会了宽恕别人，同时也解救了自己。人生短短几十年，何苦撑得那么疲累，何不学着把该忘的都忘了，无论多么风光或多么糟糕的事情，一天之后，便会成为过去。所以，何必太在乎呢？

忘记过去，才能重新开始，继续向前

我们不但要忘记过去的成功，也要忘记曾经的失败，重新开始，才会具有锲而不舍的精神，也才有可能会成功。

忘记过去的成功，重新开始，你就可能再度成功。著名科学家居里夫人在发现了钋之后并没有骄傲，她把过去的一切成就抛到脑后，又发现了镭，在此之后又提炼出了镭。居里夫人在再一次的成功之后忘记了过去的成功，从而又一次获得成功，她本人也成为两次获得诺贝尔奖的科学家。设想一下，如果她被自己第一次的成功冲昏了头脑，也许就不会有镭的发现。

我们不但要忘记过去的成功，也要忘记曾经的失败，重新开始，才会具有锲而不舍的精神，也才有可能会成功。爱迪生在发明电灯的过程中并不是一帆风顺的。他找寻了许多种材料来做灯丝，经过成千上万次试验都失败了，然而他并没有因为这一次次的失败而放弃，他把它们都忘记了，锲而不舍，最终发明了电灯。尽管以后人们发现了更好的灯丝材料，但爱迪生的精神值得我们学习。不能因为一两次失败而倒下，要忘记这些失败，重新开始，光明就在不远的前方。如果爱迪生被许多次的失败击倒的话，我们今天在夜里可能就看不见光明。所以我们要忘记过去的失败，重新开始。

忘记过去并不意味着什么都要忘记。忘记成功只是你不能因为成功而骄傲，要把它忘记，你才能重新开始新的奋斗。忘记失败也只是你要忘记失败所给你带来的伤心和痛苦，而不能忘记失败的教训，应该牢记着教训勇敢地上路。不管过去是成功还是失败，我们都要将它忘记，重新开始新的旅途。忘记过去的辉煌，你就不会满足于已有的成就，而是会继续像以前一样为了目标而奋斗；忘记过去的失败，你就不会因为小小的挫折而自暴自弃，而是会拥有比原来更坚强的自信心，只有这样，才能经得起失败的考验，才能一步一步走向成功。所以不论过去是美好还是痛苦，将一切留在身后，然后重新开始。

每一天都是新的开始，新的开始一定要给予自己更多的快乐和幸福。就算昨天有过悲伤、失败和痛苦，这一切都已经留给了昨天。今天就是一个新的起点，打开窗户，让清风吹在脸上，让视野再宽阔一些。告诉自己，要把昨天的悲伤变成今天的快乐，把昨天的失败变成今天的成功，把昨天的不幸变成今天的幸福。如果昨天快乐、昨天幸福、昨天成功，那么，为了一个同样的目标，今天仍然是一个新的起点。

每一天都是新的开始，昨天做着的许多事需要继续，许多新的想法都要付诸行动，许多发生过的错误都要修正。昨天是今天的动力，因而不能把昨天的疲惫带给今天，不能把昨天的失落带给今天，不能把昨天的痛苦带给今天，更不能把昨天的错误带给今天。我们没有理由用昨天的错误惩罚自己。新的开始是成功的继续和创新，只有把每一天当成新的开始，只有把昨天作为新的起点，时刻做好起跑的准备，才能跑得更快、更远。

每一天都是新的开始，新的开始总会有新的挑战。每天早晨起来第一件要做的事，就是告诉自己：我行，我已经准备好了。每天起来都要给自己一个美丽的微笑，用最平和的心态和最炽热的情感迎接新的挑战。也许今天会面临比昨天更大的困难、更多的挫折，然而，坚强地面对，勇敢地迎上去，你一定有意外的收获。即使结果不能够尽如人意，但我们努力了，我们尽心尽力地做了，我们给明天留下的是希望而不是遗憾。

每一天都是新的开始，新的开始总会有新的期待，有期待就会有希望。所以，从今天开始，为了自己的期待，为了心中的希望，用全新的生命迎接新升起的太阳，让自己的生命在循环往复中完善、成长，用最热情的心态去迎接生命中每一个新的开始。

每一天都是新的开始，新的开始总会面临着新的选择。昨天已经过去，而明天是未知的。我们可能不知道自己以后的路通往何方，但我们知道自己的方向，选择了就要为自己负责，选择了就应为梦想付出，而这一刻我们能做的就是相信自己的选择。

面对飞速变化着的世界，我们能做的就是认识自己、了解自己，把过去放下、把现在扛起，把每一天当成一个新的开始。唯有如此，我们的生活每天才会是全新的。请相信，生活是有趣的，尽管不断地经历着快乐、幸福、成功、痛苦、无奈、失败，但未来一定会有更美好的东西等着我们。

学会忘却，学会宽恕自己

人的一生是短暂的，脆弱的生命不能承载太多的负荷，要学会忘记，忘记那些不该记住的东西，忘记不属于自己的一切。

忘记了忧愁，也就没有了忧愁，可以舒展紧皱的眉、担忧的脸。平日里所有的不公平、所有的不快乐都随忘记而远去，人就会变得开朗了，好像被乌云遮盖的天，突然湛蓝了起来。

忘记了憎恨，也就远离了憎恨。当心灵不因为憎恨而纠结，当所有的一切变成过眼云烟，整个人就会轻松起来，宽恕了别人，也解救了自己。

忘记了使自己痛苦的感情，也就忘记了一切不愿意记忆的东西。当为爱一个人而苦苦挣扎的时候，当为了一段感情而无奈彷徨的时候，忽然的忘却该是多么大的一种幸福。

学会忘却，也就学会了宽恕自己、解救自己。既然爱过不后悔，分离总有它的无奈。当人从幼稚无知，到自以为看破红尘、看透这个社会，那都是心路的历程。书面上的道理说了太多，真正懂得的人太少。怨天尤人，自怨自艾，都是人的通性，人大多是自私的，学会忘却吧！

人生短短几十年，何苦撑得那么疲累，何不学会忘却？一味地追求完美，而这个世界根本就没有完美的东西，完美了反而是一种缺憾。人生更是如此，没有遗憾的人生，也不一定就精彩。所以追求完美，其实只是追求一种完美的心态。

人的一生是短暂的，脆弱的生命不能承载太多的负荷，要学会忘记，忘记那些不该记住的东西，忘记不属于自己的一切。无论风景有多美，我们只能做短暂的欣赏。人生不可能完美，太完美了反而有了缺憾。有缺憾的人生犹如一口枯井，没有任何意义。

人活一世重要的是经历。苦也好、乐也好，过去的不再重提。追忆过去，只能徒增伤悲，当你掩面叹息的时候，时光已逝，幸福也从你的指缝中悄悄地溜走了。忘记无缘的朋友，忘记投入却不能收获的感情，忘记花开花落的烦恼，忘记夕阳易逝的叹息，忘记一切不愿记忆的东西。对万事万物不要刻意地追求，否则很难走出患得患失的误区。生命要升华出安静、超然的精神，懂得放弃，学会忘记，也就收获了幸福。

世上没有不平的事，只有不平的心。不去怨，不去恨，淡然看待一切，往事如烟。经历了，醉了，醒了，碎了，结束了，忘记吧！珍惜现有的生活，幸福就在你身边。

当然没有人那么洒脱，没有人能真正地忘记。曾经爱过、伤过、痛过的日子，永远磨灭不了，时时在折磨人的心灵。正因为如此，才要学会忘记，学会宽容。人生应该不断地追求，只有这样，生命才有激情，只有这样，我们才能在追求中体味人生的快慰。

适当地忘记并不是一种损失

对于以往，适时地怀念一下，凭借着些许模糊的记忆，偶尔的留恋会平添生活的美丽，然后，再一直走下去。就这样停停走走，简简单单，也是一种快乐与洒脱。

生命如同一场旅程，我们都是路人，边走边看，欣赏路边风景。聪明的人不会计较得失。某一刻，在某一个地点驻足回首，有一些足迹已经延伸至其他的方向，走出了视野之外，而自己的这条路，又有了许多新的脚步。看着身后的那一串串脚印，心中会有片刻的感伤。对于以往，适时地怀念一下，凭借着些许模糊的记忆，偶尔的留恋会平添生活的美丽，然后，再一直走下去。就这样停停走走，简简单单，也是一种快乐与洒脱。

我们这一路颠簸而来，再回头看，对身后的风景总有另一番感叹，此时才知道自己怀念的究竟是怎样的人、怎样的事。生活就是这样，你永远都不知道自己会在哪里停留，永远都不知道谁会离开，当往事已随风飘散在空气中，我们能做的只能是一路欣赏。

记得要忘记，忘记那些不必重提的往事。有些事、有些人是不值得回忆的。为何要死死守着那些即将腐朽了的记忆，强迫着自己翻来覆去地纠结！或许我们正行走在走向幸福前的谷底——即使那些噩梦不断地环绕，即使夜夜因此失眠、头疼欲裂，至少我们可以假装很快乐。在人群中掩饰自己的悲伤，伪装得很快乐，这就足够了。有些时候我们必须放弃一些东西，因为必定有另外一些东西值得我们为之放弃些什么。比如回忆，有的回忆不仅仅是累赘，更是带着倒刺的暗器，我们一不小心就会被倒刺所伤，所以那些该忘记的事情还是不要记起的好。

也许拥有是为了失去，相聚是为了离别。拥有了也就表示会失去，相聚也就表示会分离，何必勉强自己呢？我们有时根本就没有能力改变事情的结局，所以我们也只能去享受事情的过程，那么有些事我们应该选择遗忘，选择不再沉浸在过去的生活中，选择好好地享受现在的生活。

时光的流逝永不停息，我们应该学会忘记过去的遗憾，过去的伤痛，因为还有许多美好的事在等着我们，有许多人支持我们。我们无法抗拒生命的流逝，就像我们无法抗拒每天太阳的东升西落，因此，我们应学会忘记。不要总把命运加给我们的一点痛苦，在我们有限的生命里反复咀嚼、回味，那样将得不偿失，有百害而无一利。一味地缅怀和沉醉其中，只能使我们意志薄弱，长此以往，必然导致我们错失时机以至一事无成，如此恶性循环，也必然使得我们的痛苦与日俱增。

忘记昨天，是为了今天的振作。做事业往往会有暂时的失败，而成功人士都懂得应该怎样让昨天的惨败变作明天的凯旋。

忘记烦恼，你可以轻松地面对未来的再次考验；忘记忧愁，你可以尽情享受生活赋予你的乐趣；忘记痛苦，你可以让整个身心沉浸在悠闲无虑的宁静中，体味生活的多姿多彩。

忘记别人对你的伤害，忘记朋友对你的背叛，忘记你曾有过的被欺骗的愤怒、被羞辱的耻辱，你会觉得你已变得豁达、宽容，你已能掌握住你自己的生活，你会更加主动、有信心、充满力量地去开始全新的生活。

驾驶生命之舟的水手在生活的海面上乘风破浪，如果一味地留恋自己曾有过的辉煌，那么他或许会随同那辉煌像泰坦尼克号一样永沉海底。所以，适当地忘记过去是有益处的，一如失去并不完全是一种损失。

席勒曾说：“人，不应该总活在回忆里。”的确，固守过去，只能锁住智慧的仓库，让聪明者颓废，让愚昧者更无知。回忆或许是美的，然而就算再美，在现在看来，也只能是属于过去，于现实只是空白。所以，忘记过去，忘记过去的辉煌，别让曾经的荣誉总是环绕着你。如果你只生活在荣誉的影子里，沉溺于自认为辉煌的过去，时间老人只会鄙夷地从耕耘生活园地的犁耙上跨过，创造之神只会嘲笑般给你一把依旧笨拙的犁耙。

普希金曾说：“一切都是暂时的，一切都会消失。”那么，与其恋守着或快乐或痛苦的回忆，不如从回忆中勇敢地走出来，以一份明朗的心情、一份平常的心态去对待生活。我们也许曾经失去，然而那不是忧伤，而是一种美丽，因为我们再次同太阳一起站在地平线上，用自己的认真去掌控曾经迷航的生命之舟。

好好珍惜手中的所有

常言道：这山望着那山高，到了那山更糟糕。其实，你认为最好的也未必适合你。请告诉自己：自己的爱人就是世界上最完美的伴侣。

人是喜欢做梦的动物，他们总是想入非非地为自己虚构一些浪漫的情节，然后耗尽一生的精力去追求。殊不知，眼前的风景才是最美丽的，自己拥有的才是最好的。

隔壁的小两口又在吵架了。

男的说：“没见过像你这样蛮不讲理的女人。”女的也不甘示弱："我也没见过像你这样粗鲁、蛮横的男人。"男的又说："你看看人家方方妈，多温柔体贴，多会操持家务，哪像你整天就只知道逛街花钱。"女的反唇相讥："还好意思说，你也不看看晓晓他爸，人家上两个班，还经常写字、画画、发表文章赚外快，哪像你就知道喝酒、聊天、瞎胡吹！"

在现实生活中有太多这样的情况。想想当初，那个作选择的人不是你吗？那个他（她）不是你最为理想的选择吗？若不然你又何必与他（她）结婚呢？两个人经过一段婚姻生活后，婚前的新鲜感已荡然无存，对方的缺点也暴露无遗，这时就会生出许多抱怨来："真不知道我当初是怎么看上你的……"

人们常说：没有得到的，就是最好的。很多人也抱着这种心理，他们往往对"失去"的那位加以美化，而把自己身边的这位与"失去"的那位作对比，就会发现身边的这位一无是处，怎么看都不顺眼，而"失去"的那位却完美无缺犹如神仙一般。其实，那完全是人的心理作用，人总是沉醉于自己的幻梦之中，当梦醒的时候，才会发现眼前的才是最好的。

有一个人，年轻时与一少女相恋多年。那少女活泼、开朗、能歌善舞，是个人见人爱的"黑牡丹"。后来，"黑牡丹"远嫁他乡，而这位朋友也早已为人夫、为人父。只是这位朋友觉得妻子这也不顺眼，那也不顺心，长相不佳、吃相不佳、坐相不佳、睡相不佳。总之，妻子没有一样称他的心、如他的意，与自己心中的"黑牡丹"相比，简直不能同日而语。他的妻子为此常常黯然神伤。后来，索性放开他，让他去异乡看望他的梦中情人。他如遇大赦般地去了，在三天两夜的火车旅程中，他设计种种重逢的浪漫，终于，他满怀憧憬地敲开了"黑牡丹"的家门。

开门的竟然是一个腰围大于臀围的黑胖女人。一见面，她就兴趣盎然地对他大讲泡酸菜的经验，因为当时她正在泡酸菜，屋子里一片繁忙的景象。

这就是令他魂牵梦萦的、朝思暮想的“黑牡丹”！

他回到家后，竟突然发觉妻子什么都好，妻子也破涕为笑，从此，两人的日子过得和和美美。

当这位朋友见到自己日思夜想的梦中情人后，他一下子惊醒了：原来自己陶醉在自我的想象里了。从此，他便对妻子的态度有了改观，看到她什么都觉得好了。

人总是追求一些不切实际的东西，到头来才发现自己所拥有的便是最好的，而自己却从来无视于它的存在！

有一个关于苹果的故事：

上帝拿出两个苹果，让一幸运男子挑选。这男子权衡再三，终于下定决心，选了自己认为最好的一个。上帝含笑赐予，他千恩万谢，接过后转身离去。突然，却反悔想调换成另一个，回头却发现上帝不见了，他只得耿耿于怀地过了一生。于是，上帝叹道：“人啊，总是期待那些未到手的，而不好好珍惜手中所有，那怎么可能获得幸福呢？”

上帝一句话道出了世间的真理。常言道：这山望着那山高，到了那山更糟糕。其实，你认为最好的也未必适合你，现实生活中这类事例比比皆是。请告诉自己：自己的爱人就是世界上最完美的伴侣。当你这样做的时候，你才会感到心理平衡，你才会拥有一个更加快乐、幸福的人生。

沉溺于过去的错误之中只会更失败

坦然地面对人生的变故，告诉自己：聚散得失、潮涨潮落、花开花落，都是一份自然。相信自己，勇敢地走自己的路。

在我们的人生中，意想不到的事情随时都有可能发生。当你面对一些不幸的打击时，要学会潇洒地挥一挥手，告别昨天。过去的已经过去，我们为过去哀伤、遗憾，除了劳心费神之外，于事无补。要想发挥自己的潜能，取得事业的成功，我们必须忘却过去的失误和不幸。

在生活中，有些人终日为过去的错误而悔恨，为过去的失误而惋惜。然而，沉溺于过去的错误之中，是事业成功的一大障碍。若想成功，就必须向前，而不是为过去的事情而后悔。

我们经常说“月有阴晴圆缺，人有悲欢离合”。在人生征途中，因种种原因，有许多人会出乎意料地遭遇失去——失去财物，失去既得利益，失去健康，失去升学、就业、晋级、发财的机会……如果遭遇失去，我们又该如何去面对呢？

在美国纽约的一所中学里，有一个很差的班级。这个班的多数学生总为过去的成绩感到不安、灰心、失望、叹气、沮丧……进而影响了新课程的学习。他们的老师保罗博士得知这一情况后，给这个班的学生上了一堂难忘的课。

这天，保罗上课时，突然一巴掌将放在桌上的一大瓶牛奶打翻在地。“啪”的一声巨响惊呆了在座的每一个学生，他们一个个目瞪口呆地看着桌上、地上四处流淌的乳白色液体，不知该怎么办才好。

这时，保罗的目光扫过每个学生的脸，同时大喊一声：“不要为打翻的牛奶哭泣！”然后叫学生到讲台前仔细看一看：“我让你们记住这个道理，牛奶已淌光了，无论你怎么后悔、抱怨，都已无法挽回。我们现在能做的就是把它忘记，然后注意下一件事。”

在人生的征途中，不可能什么事情都一帆风顺。其中，总会伴随许多的困难和挫折，重要的不是我们失去了什么，而是我们得到了什么。我们每做一件事情，都会有经验和教训产生，经验固然可贵，教训亦不可忽视。但我们不能沉湎于教训的打击，因为我们还要前进。

每个人的生命是有限的，为了不虚度光阴，使生命尽可能卓越，我们的确应该努力用智慧和汗水创造成绩。然而，我们也应该正确看待失去，学会忍受失去，更要学会坦然面对我们所失去的东西。为了成就一番事业，有时不得不失去一些感官享受，为了更好地实现自己的主要目标，有时不得不“丢卒保车”，尤其是为了不玷污自己的人格，有时不得不失去一些利益，比如金钱——那种只要出卖良心或尊严就可以得到的金钱。

著名棒球手康尼·马克如何对待自己输球的烦恼呢？他说：“过去我常常这样做——为输球而烦恼不已。现在我已经不干这种傻事了，既然已经成为过去，何必沉浸在痛苦的深渊里呢？流入河中的水，是不能取回来的。”失去的东西是不可能回来的，所以，我们不应该为此事而生气，而是应该学会坦然面对失去的东西。

坦然地面对人生的变故，告诉自己：聚散得失、潮涨潮落、花开花落，都是一份自然。相信自己，勇敢地走自己的路。“路漫漫其修远兮，吾将上下而求索”，屈原的这句名言就是对人生之路的最好注解。

人生苦短，每个人都不可能完全做到自己想做的事，不能得到所有自己想得到的东西，总有顾此失彼的时候。尽管人人都懂得“有得必有失”的道理。可人们还是习惯性地害怕失去，认为得到是可喜可贺，失去则是可惜可叹，每当失去都要难受一阵，甚至为之痛苦，但是在生活中难免会失去一些东西。既然这样，我们为何不及时去调整自己的心态，面对现实，承认失去呢？有时候失去并不一定是损失，而是一种放弃、一种奉献。

牛奶被打翻，不可能重新装回杯中。任你后悔，任你哀叹，任你捶胸顿足、呼天喊地，任你三天不吃饭、五天不睡觉，任你悔断肠子、心疼、肝疼、胃疼，也肯定不会改变这个已经板上钉钉的事实。聪明的做法，就是按照“不要为打翻的牛奶哭泣”这样的话去做，这才是人生的大智慧。

在当代社会，更应具有这样的生存智慧，因为在社会激烈的竞争中，我们杯中的“牛奶”也可能被打翻。遇到这样不如意的事，不怨天尤人、不哭天抹泪、不消沉颓唐、不心灰意懒，而是汲取教训、挺直腰杆、义无反顾、径直向前。生活中，这样的人，才能成为强者，才能事业有成，才能出人头地，才能品尝到成功的喜悦，才会有鲜花美酒陪伴。

不要为打翻的牛奶哭泣。有这样大度的襟怀，有这样的人生智慧，命运或许会给你新的机会。迈过几道坎，拐过几道弯，成功会在那里微笑着向你招手。

不要让自己重复过去

作为可以找到有用资源的众多领域中的一个，必须注意的是，当我们回顾过去的时候，没有必要重现每一个时刻。

当我们为现在或是将来作决定的时候，没有任何一个地方比得上过去能够让我们去寻找指引。过去是我们个人经验和教训的库房，我们称之为一个真正的“资料库”。我们每个人的记忆库里都有这么一个地方，有智慧在那等待我们去发现。我们可以发现那些使我们迷惑且现在仍阻碍着我们前进道路的错误观念。我们可以知道如何解放自己以远离恐惧，或者知道如何将我们与自我激励的信念重新联系起来。我们可以和我们可能已经忘记或丢失的力量和潜力一起前行。

作为可以找到有用资源的众多领域中的一个，必须注意的是，当我们回顾过去的时候，没有必要重现每一个时刻。对你早期的个人经验进行清点的目的是为了对那些留下回忆的事情进行重新分析和学习，然后你才能够看到你现在所处的位置或者看到你前进的地方，告诉自己："哦，对的，我已经看过了这场电影！"这则信息很宝贵，因为在某种层次上说，除了你没有其他人在那里。因此，你以前是如何处理的？你犯过什么错误？做错了什么，做对了什么？你有这样一个好机会，去利用之前那些不管用的方法，你要首先承认："哦，太好了，这是我早期振作起来的地方。"然后你或许会看到自己是怎样一再犯同样的错误的。你要关注那些对你还没起到作用的事例，然后停止手头正在重复着的错误的事情，使之不再继续下去，或者寻找新的方式来对付那些一直困扰你的事情。如果你一直以来都仅仅是推着一块巨石上山，每一次你快到山顶的时候巨石都会滚落下来压到你身上，那么原因在于你过去没有学会或者获得能力以一劳永逸地改变这种状态。

是的，回顾这些东西就如同在一条布满荆棘的路上前行。这不是一夜之间的过程。这不是为了让那些辛勤工作、挖掘自身宝贵潜力的人泄气，除了你没有人可以替你做；反之，如果一谈到过去就漠视过去的教育作用的话，正如有些人一样，那么你会在不知不觉中失去你自己拥有的"股票"所能给你带来的终身红利。

这些从过去得到的个人经验也许对你来说已经很熟悉了，也许你一直以来都在挖掘你自己，你应该下定决心让自己不要成为注定重复过去的人。现在你要在这儿解放你自己。

放下，是改变的开始

人生其实是一个不断选择的过程，有时明智地选择放弃，知道如何割舍，也是一种宝贵的智慧。

许多人将自己的心门紧闭，却企求别人来开门。如果你自己不放下，别人永远也无法帮到你。“放下”是改变的开始，那就从学会放下开始吧。放下不是口上说说，而是心里放下。

一个老和尚带一个小和尚赶路。走到一条河边，见到一妇女在河边着急，她过不了河。老和尚抱起妇女过了河。过完河后，老和尚放下妇女。小和尚一看说：“师傅，男女授受不亲，你抱着女人过河，你今天做错了。”老和尚望了一眼小和尚：“我已经放下了，你还没放下。”

生活中常常听人讲“拿得起，放得下”这句话。上面的小故事，说明了一个浅显易懂的道理：“放下”是动词，但有它抽象的概念意义。“放下”表面看是动词，行为上放下了，嘴上放下了，但心理上是否放下了呢？

生活中我们常常会遇到一些不理想、不顺心的事，因为人是群居动物，在集体活动的人际交往中不如意是常有之事，所以，会产生烦恼。烦恼、压抑感的多寡就取决于能否“拿得起，放得下”。所以放下不在行动，不在嘴上，而在心里。

有一个人去滑雪，才第一天就摔断了腿。

那个人愤怒地说：“我真倒霉，为什么不在滑雪的最后一天才摔断腿呢！”

一旁正帮他紧急治疗的医生说：“你说的没错，今天的确是你能滑雪的最后一天啊!”

既然已经受伤了，再怎么愤愤不平，再怎么抱怨、后悔，都是于事无补的。眼前最重要的，应该是祝福和祈祷自己早日康复，同时保持身心平衡和情绪的安定。

在马拉松比赛中获胜的人，是因为他放弃了自己原本跑得更快的速度。人生其实是一个不断选择的过程，有时明智地选择放弃，知道如何割舍，也是一种宝贵的智慧。因为在人生的道路上，知道如何割舍、如何放下，才能找到真正适合自己的道路。倘使什么都不放弃、什么都紧抓住不放，到最后反而会一无所有。只有学会了放下，方能从容地前进。

第二章

不念过往，不贪未来

释迦牟尼说：“不悲过去，非贪未来，心系当下，由此安详。”寥寥数语，便道出了人生幸福的真谛：一切随缘，活在当下。自己在寻找什么，又在忙碌什么呢？是否对那种永无止境的满足、永无止境的追求，甚至对“命运打击不到的领域”无止境地探索，而偏离了自我存在的真正意义？

人生没有彩排

人生就像一场场舞台剧，无论你多么不愿意，它还是会按照既定的场次演下去，不给你任何回味的时间，因为下一场已经拉开序幕，而你，是最缺不得的主角。

人们常说“人生如戏，人生大舞台，生、旦、净、末、丑，谁演谁精彩”。一点儿不错，每个人在生活中都有自己的位置，都有适合自己的角色。每个人从小就开始有意或无意地在寻找自己的人生坐标，既而选定自己的角色。人好比演员，因为生活或工作的需要常常不断地变换角色。就像演员一样，如果是本色演出会得心应手一些，但是在生活中人们扮演的非自我的戏份却很多。很多人很厌烦这样做，但是又不得不这样做。因为自己不是什么大腕儿，辞演的可能性很小。于是在人生的舞台剧中，人们带着假面具纷纷登场，就像化装舞会一样神秘，不知面具下的庐山真面目。

随着年龄的增长，除了外在的改变，更多的是内在的变化。谁也不敢说自己活得自在，言语中多有抱怨和无奈。但人死什么也带不走，最后归宿是小骨灰盒。如果说人生是台舞台剧，那么出殡是死者配合活着的人的最后一场演出，是谢幕演出。不管他如何显赫、尊贵、有钱，闭上眼后，万贯家财不再拥有，香车别墅不再属于他，那些争来斗去的所得一样也带不走。人还是活在现在吧，过去已经过去，未来不可预测，只有活好现在。人生如戏，就让我们演好这出戏，至于精彩与否，自有后人评说。

人生就像一场场舞台剧，无论你多么不愿意，它还是会按照既定的场次演下去，不给你任何回味的时间，因为下一场已经拉开序幕，而你，是最缺不得的主角。为了人生这场戏能顺利演完，没有人能在中途停下来，因为时间不允许。既然不能停留，就不要回头，向前冲，忘记所有的一切。因为一切只是既定的戏码，人生只是一出华丽的舞台剧。

在历史的舞台上，美人自有她的一笑倾国，英雄也自有他的引箭穿石。他们都有各自的剧本，各自的命运。而我们却站在此刻自己的人生舞台上，在灯光打出的区域内，努力地扮演着我们的角色，小心翼翼，生怕有分毫之差。

人生中最重要的时光就是“现在”

人生中最重要的时光当然就是“现在”拥有的时光，因为过去的已经不能再回头，未来的还没有发生。珍惜现在、活在当下才是人生最幸福和快乐的，才是人生最重要的。

从前有个年轻、英俊的国王，他既有权势，又很富有，但却被两个问题所困扰。他经常不断地问自己，他一生中最重要的时光是什么时候？他一生中最重要的人是谁？他对全世界的哲学家宣布，凡是能圆满地回答出这两个问题的人，将分享他的财富。哲学家们从世界各个角落赶来了，但他们的答案却没有一个能让国王满意。

这时有人告诉国王说，在很远的山里住着一位非常有智慧的老人，也许老人能帮他找到答案。国王到达那个智慧老人居住的山脚下时，他装扮成了一个农民。

他来到智慧老人住的简陋的小屋前，发现老人盘腿坐在地上，正在挖着什么。“听说你是个很有智慧的人，能回答所有问题，”国王说，“你能告诉我，谁是我生命中最重要的人？何时是我一生中最重要的时刻吗？”

“帮我挖点土豆，”老人说，“把它们拿到河边洗干净，我烧些水，你可以和我一起喝一点汤。”

国王以为这是老人对他的考验，就照老人说的做了。他和老人一起待了几天，希望他的问题能得到解答，但老人却没有回答。

最后，国王为自己和这个人一起浪费了好几天时间感到非常气愤。他拿出自己的国王玉玺，表明了自己的身份，宣布老人是个骗子。

老人说：“我们第一天相遇时，我就回答了你的问题，但你没明白我的答案。”

“你的意思是什么呢？”国王问。

“你来的时候我向你表示欢迎，让你住在我家里。”老人接着说，“要知道过去的已经过去，将来的还未来临——你生命中最重要的时刻就是现在，你生命中最重要的人就是现在和你待在一起的人，因为正是他和你分享并体验着生活啊。”

人生中最重要的时光是什么时候？人生中最重要的时光当然就是“现在”拥有的时光，因为过去的已经不能再回头，未来的还没有发生。珍惜现在、活在当下才是人生最幸福和快乐的，才是人生最重要的。

人生中最重要的人是谁？人生中最重要的人就是现在跟

你相处，正在跟你一起实实在在生活的人，人生中最重要的人就是永远都会和你在一起，陪伴你度过一生的人！

在美国的一所大学里，快下课时，教授对自己的学生们说："我和大家做个游戏，谁愿意配合我一下？"话音刚落，一名女生走上台来。

教授说："请在黑板上写下你难以割舍的20个人的名字。"女生照做了，她写了一连串自己邻居、朋友和亲人的名字。

教授说："请你划掉一个这里面你认为最不重要的人。"女生划掉了一个她邻居的名字。

教授又说："请你再划掉一个。"女生又划掉了一个她的同事。

教授再说："请你再划掉一个。"女生又划掉一个……最后，黑板上只剩下了四个人，她的父母、丈夫和孩子。

教室里非常安静，同学们静静地看着教授，感觉这似乎已不再是一个游戏了。

教授平静地说："请再划掉一个。"女生迟疑着，艰难地做着选择……她举起粉笔，划掉了自己父母的名字。"请再划掉一个。"教授的声音再度传来。这名女生惊呆了，她颤巍巍地举起粉笔，缓慢地划掉了儿子的名字。紧接着，她"哇"的一声哭了，样子非常痛苦。

教授待她稍微平静后问道："和你最亲的人应该是你的父母和你的孩子，因为父母是养育你的人，孩子是你亲生的，而丈夫是可以重新去找的，但为什么他反倒是你最难以割舍的人呢？"

同学们静静地看着那位女同学，等待着她的回答。女生缓慢而又坚定地说："随着时间的推移，父母会先我而去，孩子长大成人后独立了，肯定也会离我而去。能真正陪伴我度过一生的只有我的丈夫！"

我们身边的人，就是我们生命中最重要的人，与我们最重要的人生活在一起的时间就是我们生命中最重要的时光。所谓“活在当下”，是否就是要珍惜眼前人、珍惜眼前时光？是否就是每时每刻都要与你身边的人好好地、实实在在地度过？倘若回答是肯定的话，那么，这“两个最重要”就可以合并为“一个最重要”——人生最重要的就是“活在当下”！

唯一存在的是“当下”

库里希坡斯曾说：“过去与未来并不是‘存在’的东西，而是‘存在过’和‘可能存在’的东西。唯一‘存在’的是现在。”

人生最大的困厄莫过于等待死亡。因为一般人活在世上，都是活在对未来的期望之中，可是倘若知道死亡近在咫尺，希望的火焰熄灭了，往往也就心若枯水，一切也都不再有意义。可是明智的人也懂得，耳听时间的嘀嗒声，感觉生命的鲜血一滴滴从身体垂落消失，专心忍受时光残忍的折磨，这些又有多大的意义呢？莫如把一切都放下，放下对生命的牵挂，放下对未来的执着，把握唯一能把握的当下，做手边能做的事，把当下的每一分、每一秒都活得充实，生命便有了最现实的意义。佛家说：“见了便做，做了便放下，了了有何不了。”这种心态看似消极，其实包含着大智慧。活在当下，便活出了未来。

有个小和尚，每天早上负责清扫寺院里的落叶。

清晨起床扫落叶实在是一件苦差事，尤其在秋冬之际，每一次起风时，树叶总随风飞舞。每天早上都需要花费许多时间才能清扫完树叶，这让小和尚头痛不已。他一直想要找个好办法让自己轻松些。

后来有个和尚跟他说：“你在明天打扫之前先用力摇树，把落叶统统摇下来，后天就可以不用扫落叶了。”小和尚觉得这是个好办法，于是隔天他起了个大早，使劲地猛摇树，这样他就可以把今天跟明天的落叶一次扫干净了。一整天小和尚都非常开心。

第二天，小和尚到院子里一看，他不禁傻眼了。院子里如往日一样满地落叶。老和尚走了过来，对小和尚说：“傻孩子，无论你今天怎么用力，明天的落叶还是会飘下来。”小和尚终于明白了，世上有很多事是无法提前的，唯有认真地活在当下，才是最真实的人生态度。

库里希坡斯曾说：“过去与未来并不是‘存在’的东西，而是‘存在过’和‘可能存在’的东西。唯一‘存在’的是现在。”

“当下”给你一个深深地潜入生命水中或是高高地飞进生命天空的机会。但是在两边都有危险——“过去”和“未来”是人类语言里最危险的两个词。生活在过去和未来之间的当下几乎就好像走在一条绳索上，在它的两边都有危险。但是一旦你尝到了“当下”这个片刻的甜蜜，你就不会去顾虑那些危险；一旦你跟生命保持同一步调，其他的就无关紧要了。对你而言，生命就是一切。

当生命走向尽头的时候，你问自己一个问题：你对这一生觉得了无遗憾吗？你认为想做的事你都做了吗？你有没有好好笑过、真正快乐过？

想想看，你这一生是怎么度过的：年轻的时候，你拼了命想挤进一流的大学；随后，你巴不得赶快毕业找一份好工作；接着，你迫不及待地结婚、生小孩，然后，你又整天盼望小孩快点长大，好减轻你的负担；后来，小孩长大了，你又恨不得赶快退休；最后，你真的退休了，不过，你也老得几乎连路都走不动了……当你正想停下来好好喘口气的时候，生命也快要结束了。其实，这不就是大多数人的写照吗？他们劳碌了一生，时时刻刻为生活担忧，为未来做准备，一心一意计划着以后发生的事，却忘了把眼光放在“现在”，等到时间一分一秒地溜过，才恍然大悟“时不我待”。

智者常劝世人要“活在当下”。“活在当下”就是要你把关注的焦点集中在你身边的人、事、物上面，全心全意认真去接纳“当下”。简单地说，“当下”指的就是：你现在正在做的事、待的地方以及周围一起品尝、投入和体验这一切的人。

你可能会说：“这有什么难的？我不是一直都活着并与当下为伍吗？”话是不错，问题是，你是不是一直活得很匆忙，不论是吃饭、走路、睡觉、娱乐，你总是没什么耐性，急着想赶赴下一个目标？因为，你觉得还有更伟大的志向正等着你去完成，你不能把多余的时间浪费在“现在”这些事情上面。

不只是你，大多数的人都无法专注于“现在”，他们总是若有所想、心不在焉，想着明天、明年甚至下半辈子的事。有人说“我明年要赚得更多”，有人说“我以后要换更大的房子”，有人说“我打算找更好的工作”。后来，钱真的赚得更多，房子也换得更大，职位也连升好几级，可是，他们并没有变得更快乐，而且还是觉得不满足：“唉！我应该再多赚一点，职位更高一点，想办法过得更舒适一点！”这就是没有“活在当下”。就算得到再多，也不会觉得快乐，不仅现在不够，以后永远也不会嫌够。他们忘了真正的满足不是在“以后”，而是在“此时此刻”。那些想追求的美好事物，不必费心等到以后，你现在便已拥有。

假若你时时刻刻都将力气耗费在未知的未来，却对眼前的一切视若无睹，你永远也不会得到快乐。一位作家这样说过：“当你存心去找快乐的时候，往往找不到，唯有让自己活在‘现在’，全神贯注于周围的事物，快乐便会不请自来。”或许人生的意义，不过是嗅嗅身旁每一朵绚丽的花，享受一路走来的点点滴滴而已。毕竟，昨日已成历史，明日尚不可知，只有“现在”才是上天赐予我们最好的礼物。

许多人喜欢预支明天的烦恼，想要早一步解决掉明天的烦恼。明天如果有烦恼，你今天是无法解决的，每一天都有每一天的人生功课要交，努力做好今天的功课再说吧！用平常的心对待每一天，用感恩的心对待当下的生活，我们才能理解生活和快乐的真正含义！

“现在”最为宝贵

珍惜今天，抓住机遇，成功之路将在我们眼前铺开，光明的前程将等候着我们；荒废时间，放弃机遇，人生将是穷途末路，而且充满黑暗和风险。

“抓住今天”是老作家姚雪垠的座右铭。他每天写作、读书、研究十几个小时，20 年来从不间断。这种精神不正是告诉了我们要珍惜时间吗？总有一些人存在“欺骗自己”的不良状态，他们总认为只要今天过得快乐，那么今天的事情拖到明天再做也不迟。这样一而再、再而三地拖下去，他们终究是一事无成的。试问，春天交了白卷的人，到秋天，他还有资格歌唱丰收之歌吗？

古今中外，有许多科学家、文学家都是同时间赛跑的能手。我国伟大的文学家鲁迅以“时间就是生命”律己，从事无产阶级文学艺术事业 30 多年，视时间如生命，笔耕不辍。美国伟大的发明家爱迪生，一生有 1000 多项发明，这无数次试验的时间难道不是从常常连续工作好几天的极度紧张中挤出来的吗？法国著名小说家巴尔扎克，用如痴如狂的拼劲，每天奋笔疾书十六七个小时，即使累得手臂疼痛，也不浪费一丁点儿时间，留下的是深受人们喜爱的“人间喜剧”的90多部小说。难道这些智慧的结晶不正是抓住今天，燃烧生命火花的光辉记录吗？

珍惜今天，抓住机遇，成功之路将在我们眼前铺开，光明的前程将等候着我们；荒废时间，放弃机遇，人生将是穷途末路，而且充满黑暗和风险。我们一定要抓住今天，以旺盛的精力和不屈不挠的奋斗精神，正确地面对生活，面对未来。古人云：“机不可失，时不再来。”说的正是这个道理。时间是无情的、稍纵即逝的，人生是短暂的。日月匆匆，到了明天，明天又变成了今天，而每个今天之后都有无穷尽的明天。那么，你的决心和你的理想，哪一天才能变为行动，变为现实呢？

抛弃了今天的人，今天也会抛弃他；而被今天抛弃的人，他也就没有了明天。医生抢救病人，不在今天及时抢救，哪有病人日后的健康体魄？清洁工人不在今天及时清扫垃圾，除去尘埃，哪有日复一日街道、马路的洁净？解放军战士不在今天全副武装，做好准备，哪有千家万户永久的安宁？

“明日复明日，明日何其多？我生待明日，万事成蹉跎。”短短的几句诗，是先辈千折百曲、历经磨难的生活体验的结晶。抓住了今天，就是抓住了获取知识的机会；抓住了今天，就是抓住了发明创造的可能。聪明、勤奋、有志的人，他们深深懂得时间就是生命，时间同生命一样宝贵。他们绝不把今天的宝贵时光虚掷给明天。伟大的发明家爱迪生从来都珍惜时间，用在车上卖报的间隙搞实验，在发明电灯的过程中，他几乎不分昼夜，埋头在实验室里：渴了，喝口凉水；饿了，啃块面包；困了，趴在桌上打个盹。爱迪生如此，牛顿、居里夫人、爱因斯坦……一切有志气、有成就的人莫不如此，他们绝不沉湎在昨天之中，更不空空观望明天，他们永远从今天开始！

相反，对有些人来说，时间就像代表它的那本日历，撕了这一张，还有下一张，撕完了这一本，还有下一本，却不思考要在洁白如雪的日历上留下自己辛勤奋斗的汗水和学习、工作的收获。

《南村辍耕录·卷十五》中有一则寓言，说有一种“寒号鸟”，它有一个嘹亮的歌喉，整天唱个不休，冬天到了，夜里冻得瑟瑟发抖，哀叫着明天要垒窝。第二天太阳出来了，沐浴在阳光中的寒号鸟忘了夜里的寒冷，不去垒窝，又快乐地唱起了歌。日复一日，始终未垒起窝。一天，刮起寒冷的北风，下起了大雪，寒号鸟终于被冻死了。

在人的一生中，今天是最重要的，不要把现在应该做的事拖到明天或将来。时间中唯有“现在”最为宝贵，抓住了“现在”，亦即抓住了时间，成功就会向你招手。总是等到明天的人，将是一事无成的人！

往事如烟，未来像雾

释迦牟尼说：“不悲过去，非贪未来，心系当下，由此安详。”寥寥数语，便道出了人生幸福的真谛：一切随缘，活在当下。

过去的经验可以总结，过去的教训可以汲取，但过去的永远不会再来。未来可以憧憬，可以通过努力去创造，但未来再美好毕竟是个未知数，只有现在最可靠。现在是过去与未来的连接点，旧的“现在”去了，新的“现在”跟着就来，无数个“现在”已成了过去，无数个将来终会变为“现在”，正如李大钊所说的“过去未来皆是现在”。

"现在"其实也是稍纵即逝的，正如朱自清在《匆匆》里所描述的："洗手的时候，日子从水盆里过去；吃饭的时候，日子从饭碗里过去；默默时，便从凝然的双眼前过去"。所谓的"现在"看起来好像是静止的、可把握的，其实静止也只是相对的，没有绝对可把握的"现在"，一切所谓的"现在"也都是变化着的。细究起来，其实"现在"就是一个看不见的点。从时间的角度看，每一天都是一个流失的过程；从生命的角度看，每一天都是死与生相互交换的过程。"现在"稍不注意即成过去，变得无法再找回，而"将来"则是"现在"的延伸，所以鲁迅先生说："杀了现在，也便杀了将来。"因此，要赢得未来，就要好好把握现在。

在美国，有一个非常有名的学者伯纳德·伯伦森，在他90岁生日时，有人问他最珍惜什么，他回答道："我最珍惜时间，我愿意站在街头，手中拿着帽子，乞求过往的人把他们不用的时间扔在里面。如果你已经明白时间是第一位的，它是我们生命中最宝贵的资源，告诉你一条有关时间的重要原则，这就是：今天最重要。珍惜时间最重要的是我们对待时间的态度，如果我们真心在意，就会着手去做，立刻就开始，绝不拖拉到明天。"

释迦牟尼说："不悲过去，非贪未来，心系当下，由此安详。"寥寥数语，便道出了人生幸福的真谛：一切随缘，活在当下。自己在寻找什么，又在忙碌什么呢？是否对那种永无止境的满足、永无止境的追求，甚至对"命运打击不到的领域"无止境的探索，而偏离了自我存在的真正意义？

既然如此，我们不妨再思考一下佛陀点拨的道理。佛陀提醒我们要把重点放在眼前，必须全神贯注于当下，这是人生的一种超脱。活在当下也意味着无忧、无悔，对未来会发生什么不去做无谓的想象与担心，所以无忧。对过去已发生的事也不做无谓的思虑与计较得失，所以无悔。人能无忧无悔地活在当下，不为一切由心所生的东西所束缚（当然，活在当下也并不意味对未来不思考、不计划，根据自己的生活、事业作分析整理，并对未来做出预测及计划，这正是活在当下）。当你活在当下，没有过去拖在你后面，也没有未来拉着你往前时，你全部的能量都集中在这一时刻，生命因此具有一种巨大的张力，使你全身心地投入，丰富和满足自己人生的生活方式。明白了这个道理，无论从哪个层面去看，都是一种进步。

诚然，人总有一死，这是铁的定律，无法改变。“不强求，不妄取，贵在随缘；让该来的来，让该去的去，不欣羡别人，不哀怜自己；不留恋过去，不幻想未来，把握现在，播撒良种，只问耕耘，不问结果；不悲过去，不贪未来”，我们虽然不能做到，但人生只有一次，失去了就永不再来，对于爱你的人，父母、爱人、兄弟姐妹、亲朋好友及所有相识的人，我们“当下”就应当好好地珍惜，要时刻抱着一颗感恩的心来看待世间的人和事，多一份爱心、多一点宽容、多一些理解，不要把可以做但没有去做的事遗憾在心头。

往事如烟，已随风而去，未来像云又像雾，飘忽不定。对世态炎凉、人间冷暖，要看得开、放得下，一切随缘，一切随意，安然面对，泰然处之，用心生活。人生最大的悲剧不是面对失去，而是没有好好把握当下。感谢上苍让我存在，感谢父母给了我生命，感谢所拥有的一切。当明天太阳升起的时候，我们的笑容依然灿烂。活在当下，珍惜每一天！

人的一生可浓缩为“三天”：即昨天，今天，明天。昨天与今天有扇后门，今天与明天之间有扇前门，这“三天”中，今天最重要，过去的事情就让它过去吧，明天的事等它来了再说，最要紧的是，做好今天的事情。有人说，要过好今天，第一件事是“学会关门”，把通往昨天的后门和通往明天的前门都紧紧关住。这样，人一下子变得轻松了，你的生活中，也就会平添许多快乐与满足。明日永远都不会来，因为来的时候已经是今天了。只有今天才是我们生命中最重要的一天；只有今天才是我们生命中唯一可以把握的一天；只有今天才是我们唯一可以用来超越对手、超越自己的唯一一天。同样，生命的意义也只能从当下去寻找，过去的事均已过去而不复存在，不论是多么美好且令人怀念，或是多么丑陋且令人追悔，都没有必要沉湎于过去的情绪中，人生的事，没有十全十美的。愿我们都能真实地活在现实，活在当下，珍惜我们活着的每一天。

活在当下，才不会有悲哀和恐惧的空间

只有准备好随时失去一切的人，才能真正拥有一切。他们没有忧虑、对未来不恐惧，所以能活在当下，全心投入对他们来说最好的事物。

如果我们只活在当下，就不会有悲哀和恐惧的空间。重要的是活在当下，其余的都是我们加诸自己的负担。如果我们忘了好好活着，忘了当下的这一刻，反而去想过去的事物，盘算将来会发生什么，却让当下这一刻悄然流逝，这样我们不算真正地活着，只是在受苦，因为我们对明天抱有恐惧，对过去感到自责。

生活可以过得很简单，甚至很美好。我们何必畏惧当下没有发生的事？因为谁也不知道将来会发生什么，有些人本来前程似锦，后来却不尽如人意。恐惧未来的人正是如此。不过如果你不受恐惧的牵绊，可能后来会发现自己所恐惧的事根本是子虚乌有。只要我们一分一秒、一天一天认真活着，恐惧感将离我们而去。

这样一来，生活就纯粹是当下的每一刻，对每个人都一样，不论是一国之君或是清道夫，不论智者或是愚者，都是如此。如果我们无牵无挂，活出生命中的每一刻，不作茧自缚，不被自己的野心、财富或权柄所牵绊，这样我们就算真正活过了。

我们要活在当下，因为只有当下这一刻才真正存在。而焦虑、恐惧、希望，都是从意念而来，也正是痛苦的来源。时时刻刻都保持平静安详，意识到每一刻的独特，让这一刻真正属于我们，也就是说，在这一刻，我们感觉到跟造化、跟所有众生、跟大自然、跟全宇宙有所联系，跟永恒相通。这种心境，让我们感受到永恒的快乐。

我们活在永恒之中，也活在当下这一刻。意识到这一刻，我们既是单独的个体，也和万物相联系。我们的执着，受到野心、欲望与焦虑感的影响，想跟别人竞争名位、斤斤计较。这种执着，现在显得很可怜，甚至很可笑。

如果只把当下这一刻，用来追逐短暂的声色犬马，如果它不那么强求，反而可以获得一切、拥有更多。如果一个人不那么执着于自我、钱财、成功或名望，并且有心理准备随时可能失去一切，这样的人很快就会找到真正的满足。

只有准备好随时失去一切的人，才能真正拥有一切。他们没有忧虑、对未来不恐惧，所以能活在当下，全心投入对他们来说最好的事物。当你接受了好的事物，才能把好的事物带给别人。聆听内在的指引，让你的脚步随时依循宇宙法则。

专心想一想当下活着的这一刻，在这一刻没有悲伤。回忆过去才有悲伤，而设想未来则有可能引发恐惧。

有一位老人拿起一杯水，然后问周围的人说：“各位认为这杯水有多重？”听众有的说 20 克，有的说 500 克不等。

老人则说：“这杯水的重量并不重要，重要的是你能拿多久！

“拿一分钟，各位一定觉得没问题；拿一个小时，可能觉得手酸；拿一天，可能得叫救护车了。其实，这杯水的重量是一样的，但是你若拿得越久，就觉得越沉重。这就像我们承担着压力一样，如果我们一直把压力放在身上，不管时间长短，到最后我们就觉得压力越来越沉重而无法承担。”

放下，不在过去，不在未来，而是当下，现在就放下吧！

小事也可以变伟大。懂得活在当下，不管你身在何处，做任何事，你都将是快快乐乐的。当下，指的就是：你现在正在做的事、待的地方和周围跟你一起的人，把注意力集中在这些人、事物上面，你就活在当下。

活在当下，就能少受伤害，并且活得更积极、开心、快乐！你能为明天所做的最好准备，就是把今天做好。如果今天你是那么的喜乐，那你明天将会更喜乐，因为明天是从今天开始的。

做人，必须活在当下。昨天的事情拿不回来，明天不一定会来。要看就看现在，现在的工作、现在的责任。要做就现在做！你不能说，明天睡醒我会去做什么，现在就开始做吧。

永远对当下说“是的”

痛苦的程度取决于你对当下的抗拒程度以及对思维的认同程度。思维通常否认当下，并试图逃离当下。

人类的很大一部分痛苦是没有必要的。只要让未被觉察的思维控制着你的生活，痛苦就会自然而然地产生。通常，当下所产生的痛苦都是对现状的抗拒，也就是无意识地去抗拒本然的某种形式。从思维的层面来说，这种抗拒以批判的形式存在；从情绪的层面来说，它又以负面情绪的形式显现。痛苦的程度取决于你对当下的抗拒程度以及对思维的认同程度。思维通常否认当下，并试图逃离当下。换句话说，你对思维认同的程度越高，你就会越发感到痛苦。或者可以这样说，你对当下的情况接受得越多，你受的苦就越少，对小我的认同也越少。

为什么思维会习惯性地否认或抗拒当下呢？因为在没有时间（过去和未来）的情况下，它无法发挥自己的作用并对你进行控制，所以它时刻视永恒的当下为威胁。实际上，思维和时间是密不可分的。

在这个世界上我们需要时间和大脑来生活，但是，当它们控制我们的生活时，痛苦和悲哀就产生了。为了维持控制，大脑不断地利用过去和未来来遮掩当下时刻。所以与当下密不可分的存在的生命力和无限的创造潜力就被时间掩盖了，而你的真实本性也被大脑混淆了。人类不断积累时间，变成越来越沉重的负担。很多的人都在这种负担下受苦，但是他们又忽视或否认当下这一宝贵的时刻，或认为当下是实现未来目标的一种手段，而未来其实只存于他们的大脑中，是不现实的，人们就这样在不断地增加这种负担。人类集体与个人大脑中积累的时间里，也存在了很多过去的残余痛苦。

如果你不再希望为自己和他人创造痛苦，如果你不再希望增加你心中过去的痛苦，那么请你不要创造更多的时间，或者至少不要创造除了做必要事情之外的时间。如何停止创造时间呢？请你务必认识到，当下时刻是你所拥有的一切，把你的生活重心完全放到当下这一刻，把你先前在时间内流连并短暂地访问当下时刻的做法改为关注当下时刻，只在有需要时简单地回顾过去和展望未来。永远对当下说“是的”。有什么比对已然存在的东西进行内在的抗拒更徒劳、更疯狂的吗？有什么比反对生命本身，也就是当下而且永远是当下，更疯狂的吗？向“是的”臣服。对生活说“是的”，看看生活是如何为你服务而不是与你为敌的。

有时当下时刻是令人无法接受的、令人痛苦的或者可怕的。观察大脑是为当下时刻贴上标签以及这个贴标签的过程，也就是不断地批评“是”如何创造了痛苦和不幸。通过这种观察思维的活动，你就能够摆脱抗拒的模式，然后还可以允许当下时刻的存在。这将会使你体验到不为外境所困的内心自由，一种真正的内心的宁静状态。然后，再观察发生了什么事情，并采取必要的或可能的行动。

接纳，然后采取行动。不管当下时刻的情况怎样，心甘情愿地接受它，就像它是你选择的一样。总是与它共事，而不是抗拒它，使它成为你的朋友和盟友而不是敌人。这将会彻底地改变你的整个人生。

把握好今天，才拥有一个真实的自己

昨天是失去的今天，明天是未来的今天。只有今天，才是我们真实地拥有着的。只有把握好今天，才能走出昨天，开创明天。

生活中，你一定有过许多这样的日子：常常为昨天的失落念念不忘、喋喋不休、耿耿于怀，又常常为明天的美丽意气风发、热血沸腾、斗志昂扬。然而，或许你觉察不到，就在这埋怨与幻想当中，就在这追悔与兴奋当中，我们失去了最宝贵也最容易失去的今天。

一位哲学家途经荒漠，看到很久以前的一座城池的废墟。岁月已经让这个城池显得满目疮痍了，但仔细地看却依然能辨析出昔日辉煌时的风采。哲学家想在此休息，他随意地在一个石雕上坐下来。

他点燃一支烟，望着被历史淘汰下来的城垣，想象着曾经发生过的故事，不由得感叹了一声。

忽然，有人说："先生，你感叹什么呀？"

他四下里望了望，却没有看见人，他疑惑起来。那声音又响起来，他端详那个石雕，原来那是一尊"双面神"神像。

他没有见过双面神，所以就奇怪地问："你为什么会有两副面孔呢？"双面神回答说："有了两副面孔，我才能一面察看过去，牢牢地记取曾经的教训。另一面又可以瞻望未来，去憧憬无限美好的明天啊。"

哲学家说："过去的只能是现在的逝去，再也无法留住，而未来又是现在的延续，是你现在无法得到的。你却不把现在放在眼里，即使你能对过去了如指掌，对未来洞察先知，又有什么具体的实际意义呢？"

双面神听了哲学家的话，不由得痛哭起来，他说："先生啊，听了你的话，我才明白，我今天落得如此下场的根源。"

哲学家问："为什么？"

双面神说："很久以前，我驻守这座城时，自诩能够一面察看过去，一面又能瞻望未来，却唯独没有好好地把握住现在，结果，这座城池便被敌人攻陷了，美丽的辉煌成为过眼云烟，我也被人们唾弃在废墟中了。"

昨天是失去的今天，明天是未来的今天。只有今天，才是我们真实地拥有着的。中外无数成功人士的实例证明，只有把握好今天，才能走出昨天，开创明天。

在美国华尔街的股票市场交易所，依文斯工业公司是一家保持了长久生命力的公司，但公司的创始人爱德华·依文斯却曾经因为绝望而差点自杀。爱德华·依文斯生长在一个贫苦的家庭里，起先靠卖报来赚钱，然后在一家杂货店当店员。8年之后，他才鼓起勇气开始自己的事业。然后，厄运降临了，他替一个朋友担保了一张面额很大的支票，而那个朋友破产了。祸不单行，不久，那家存着他全部财产的大银行垮了，他不但损失了所有的钱，还负债16万美元。他经受不住这样的打击，开始生起奇怪的病来：有一天，他走在路上的时候，昏倒在路边，以后就再也不能走路了，最后，医生告诉他，他只有两个礼拜好活了。想着只有几天好活了，他突然感觉到了生命是那么的宝贵。于是，他放松了下来，好好把握着自己的每一天。

奇迹出现了。两个礼拜后依文斯并没有死，六个礼拜以后，他又能回去工作了。经过这场生死的考验，爱德华·依文斯明白了患得患失是无济于事的，对一个人来说最重要的就是要把握住现在。他以前一天曾赚过两万块钱，可是现在能找到一个礼拜三十块钱的工作，就已经很高兴了。正是有这种心态，爱德华·依文斯的进展非常快。不到几年，他已是依文斯工业公司的董事长了。

正是因为学会了只活在今天的道理，爱德华·依文斯取得了人生的胜利。

昨天属于死神，明天属于上帝，唯有今天属于我们。把握好今天，我们才拥有一个真实的自己。充分占有和利用好每一个今天，我们才能挣脱昨天的痛苦，踏平一路的坎坷，耕耘今天的希望，收获明天的喜悦。

第三章

淡泊从容，走好人生路

选择淡泊，是选择一种严肃与庄重的人生态度。在这种选择中，丢下超重的负荷，打开心灵的窗户，抛弃失意的包袱，歇息在淡泊这块没有杂质的芳草地上，寻找心灵上的那份宁静。淡泊，是人生的一种志向。

携一颗淡然的心，淡泊从容，走好人生之路。

为自己找一个淡泊的心境

淡泊，并不是给自己的碌碌无为找借口，也不是抛弃自我的理由，更不是万念俱灰的沮丧。淡泊，是一种自我的回归，是一种人生的体验，是一种心态平衡的洒脱。

在观察很多伟大的、有深度的人物的时候，你都会发现，他们在生活上似乎都是那么的谦卑、低调、不事张扬。他们心境平和，但并没有因此而妨碍他们有超人的感受力、观察力和判断力。人是一种有思想、能思考的生物，这也就决定了他会比生物界其他任何的动物都有更超常的自控能力。诸葛亮说："夫君子之行，静以修身，俭以养德，非淡泊无以明志，非宁静无以致远。"只有不被世间的金钱、名利束缚，不因人生一时一事的得失而烦恼顿足、颓废失常，不因世俗的浮华、浮躁而困惑，才能真正平心静气地找出自己活着的目的，找到自己奋斗的方向。学会"淡泊"、"宁静"，修炼自己的精神品格，才会将自己从烦躁、冲动的怪圈中解脱出来。顺境的时候学会珍惜人生，逆境的时候学会坚强独立。

淡泊，是一种生活的态度。在这种态度中，你可能要经历人生岁月的蹉跎和人生道路的泥泞坎坷。在这种生活的磨难中，你能取得令你欣喜的成就，相反也可能会走入人生的低谷，从此一蹶不振。如果能飞黄腾达、高官厚禄，你能在这种诱惑中把握住自己，泰然自若，用一颗平常心淡然地看待这一切，你就能在淡泊喧嚣的同时，给自己找到一份宁静。淡泊能让志向远大，不受尘世污秽的干扰与冲击，因此你才能前途无量，人生也更加潇洒。

淡泊，是一种宽宏的气度。这种气度不是小肚鸡肠，而是仁慈大度。心胸狭窄者，永远也走不进淡泊的境地。让自己超然与洒脱、从容与镇定，来为自己找一个淡泊的心境，让自己在平衡的心态里，品味出内敛的韵味。

淡泊，是一种内在的深度修养。身居陋室而有自己的生存乐趣，在心灵的桃花源里，寻觅着他人看不到的幽静。让宁静的内心世界，蕴藏着高尚的风格，把红梅与松柏作为自己的良师益友，用完美来点缀自己的人生。理智地将七情六欲看轻，将自身的疾苦与失落看淡。在淡泊的熏陶中，把自己培养成一个心理上健康、人格上健全的人，有修养的人，能宽容他人的人。让自己在淡泊的田园里，畅游美好的人生。

淡泊，是一种与众不同的风度。这种风度中，潜藏着一种向上的力量和敏锐的智慧。淡泊中的成功者不矜夸，不用千里风雨人生路的感悟来装点自身，在成功后淡然地看待所取得的成绩。淡泊中的智慧者不浮躁，不用万卷诗书来做外表的修饰，在寂静中默默地耕耘。淡泊中的求索者不患得患失，不计较是否有颇丰的收获，也不计较失大于得的比例失调。

淡泊，并不是给自己的碌碌无为找借口，也不是抛弃自我的理由，更不是万念俱灰的沮丧。淡泊，是一种自我的回归，是一种人生的体验，是一种心态平衡的洒脱。

选择淡泊，是选择一种严肃与庄重的人生态度。在这种选择中，丢下超重的负荷，打开心灵的窗户，抛弃失意的包围，歇息在淡泊这块没有杂质的芳草地上，寻找心灵的那份宁静。淡泊，是人生的一种志向。

或无声无息，或轰轰烈烈，或清风和煦，或暴雨瓢泼……不论是激昂的人生，还是恬淡的人世，无论是失败者的东山难再起，还是成功者的硕果难久存，保持一个平常的心境，在平平淡淡中享受着淡泊的快乐。不倾慕声威，不沮丧卑微。成败兴衰且不论，退一步海阔天空，让淡泊和宁静作为自己的伴侣，一切都会变得坦然。

人生需要云淡风轻，因为平平淡淡才是真。淡泊的心境是人生的一种坦然，是对生命的一种珍惜。生活中不如意之事十之八九，我们无法预料，也无从强求，但我们可以选择在顺境中宠辱不惊、怡然自得，在逆境里不大悲大愁、不弃不馁。笑看云卷云舒，静观花开花落，才解世间浮沉，更见人生真谛。淡看人生荣辱、得失，一切均如过眼烟云，去留无痕。真正的永恒只有心胸的豁达，这应该是淡泊人生的最高境界。

人生心境就像浩瀚的大海，时有惊涛骇浪骤起，时有狂风暴雨袭击，也不乏宁静的港湾供你停泊心灵的小舟。在人生的大海中驾驭生活之舟时，既需要有迎风战浪的勇气，也需要有从容淡泊的心境！

淡泊是一份豁达的心态，是一份明悟的感觉。行至水穷处，坐看云起时，是一种淡泊。古今多少事，都付笑谈中，更是一份淡泊。保持一份平常心，遇事沉着冷静，对待成功和失败一笑了之，也是一种淡泊。只有这样，你才能真正领略平淡其义，你的心里才能永远拥有阳光。“非淡泊无以明志，非宁静无以致远”。平淡人生不过如此，用平常心去容纳万物，体会这平淡的相守、恬静的归依。

淡泊人生，并非消极逃避，也非看破红尘、甘于沉沦。淡泊是一种对待生活的心态，一种修身养性的境界，一种待人接物的智慧。淡泊人生也需要激情。平淡的日子叫生活，激情的岁月也叫生活。无论是你的生活，还是你的工作、情感，都应该去创造激情。人生需要激情，激情是动力，激情是创造力，要敢于捕捉生活中无处不在的激情，只有激情飞扬，人生才更精彩。

拥有平常心的人才能体会到淡泊是一种享受。淡泊是一种心境，是思想经过历练后高素质的修养。淡泊不是看破红尘，不是对人间一切事物的否定，更不是思想麻木、无所作为地得过且过。学会淡泊将会使心灵净化成晶莹剔透、毫无杂质的宝玉；学会淡泊才能如鱼得水，自由自在地欣赏不可多得的美妙世界；学会淡泊才能得意时不张扬、失意时不消沉；学会淡泊才能得到实实在在、心安理得的享受。

人，平平淡淡而来，也应平平淡淡而去。人生如一条淙淙流淌的长河，既有平静的时候也有波澜壮阔的时候，既有越过重峦叠嶂时一泻千里的壮丽之美，也有走过一马平川时迂回柔情的安详。拥有一颗平常的心是正常生活的人的平常之举，拥有一颗平常的心才能学会满足、学会放弃、学会淡泊，才能理解别人、善待自己、享受人生。

平常心，一剂生活的良药

人活在世上，身要忙闲得宜，心要收放自如。此心亮堂，虽处外境物欲之中，也不放纵，但也不是干枯如死井。

现代社会，上自达官显贵、下至平头百姓，都在追求着成功。成功固然可贵，但并非人人都能获得。李白曾大书“千金散尽还复来”，还有人也曾感慨“富贵于我如浮云”。而作为普通的老百姓，需要的，是一种平常心。

平常心是收放自如之心，是可以自我把定之心。人活在世上，身要忙闲得宜，心要收放自如。此心亮堂，虽处外境物欲之中，也不放纵，但也不是干枯如死井。人能常有平常心，身在万物中，心在万物上，立定自我，也就能自然随缘地应世。

但世事的纷扰、内心的挣扎，总使人觉得人生是多么寂寞无助，总是不由自主地陷入无可名状的忧伤中。很多无奈苦恼的事，我们很难摆脱。世上有太多的忙碌紧张，我们无法逃避。面包是生存的需要，我们必须去孜孜以求。欲望却是人性的膨胀，为了达到目的所付出的心机、劳力，比起单纯的物质需求还要让人疲惫憔悴。内心那股压迫人心的力量，使我们一天到晚就像陀螺一样转个不停，因而时时感到焦躁不安，此时理想与爱情成为物欲，成为梦中美丽的幻象，心灵的安宁被物质、被欲望所奴役，心态的失衡使人生悲哀无助，若到极处，甚至可能铤而走险。于是，拥有一颗平常心就愈加显得珍贵了。

平常心是一种境界，在达到这种境界之前，心路常常会经历极为坎坷的历程。经了险峰，历了幽谷，才发现世事沧桑，如梦如幻。一切从生命出发，我们便可以做出最合理的选择，一面对生命尽心呵护，一面又悉心体验，对人宽容平和，随方就圆。因此，平常心不仅使人具有大海一样的气度，还使人稳重如山。淡然面对人间是是非非，保持心灵宁静的同时，不忘对理想的追求，对宝贵生命的敬畏，长此以往，定可令生命发扬光大。

平常心是一剂生活的良药，是对生命透彻的领悟。古人云："生命薄如蝉翼，存在就该满足"，这是有一定道理的。在此领悟之下，一切烦恼、困顿均可弃之如流水。领悟生命的真谛，知晓生命的弥足珍贵，就会以一颗宁静的心善待一切。

平常心是生活中的微笑，是物欲中的淡泊、是风浪中的平静、是困难中的坦然、是紧张中的放松、是平常事物中的朴素哲学。

平常心，能使人冷静客观地对待身边的人和事，不会凭一时冲动而感情用事；平常心，能使人在市场经济大潮中不再斤斤计较个人与社会、个人与集体、个人与个人之间的恩怨得失；平常心，能使人公正地对待和评价发生在周围的一些有利和不利于自己的事物；平常心，能使人多几分理智后的清醒。

怀一颗平常之心，心无滞碍，自然能发挥出全部潜力，把事情办得更好。拥有一颗平常心，非常重要：现在有的人为了追求所谓幸福的日子，不惜透支健康、支付尊严，甚至出卖人格以换取票子、车子、房子、权力等，到垂垂老矣，才会发觉年轻时孜孜以求的东西是那么虚无缥缈，这时就会对生命产生新的感悟，终于明白平常心是真谛、是福气。

拥有一颗平常心，就拥有了一种豁达、一种超然。失败了，转过身揩干痛苦的泪水；成功了，向所有支持者和反对者致以满足的微笑。其实，无论是比赛还是生活都如同弹琴，弦太紧会断，弦太松则弹不出声音。保持平常心才是悟道之本。

拥有一颗平常心，就不会浮躁、不会焦灼、不会被欲望占满，更不会让灵魂搁浅在无氧的空间里。拥有一颗平常心，就拥有一种正确的生活原则，一份自我解脱、自我肯定的信心与勇气，不会高估自己，也不会自甘落后。

拥有一颗平常心，就不会只追求物质的奢华，而把自己的灵魂淹没在如潮的欲海中。因为更多的时候，生活不是让我们追求外在的繁华，而是求得内心的平静与安宁。

拥有一颗平常心，只要你努力，你得到的定会比你想象的更多。

拥有一颗平常心，你就拥有了真善美；拥有一颗平常心，你就拥有了生活的馈赠；拥有一颗平常心，你就拥有了幸福的人生；拥有一颗平常心，你才能在不经意间攫取生活的闪光处，去装点你的人生，使之变得更加美丽。

拥有一颗平常心，可以从容地面对生活，面对一切！用一颗平常心去对待、解析生活，就能领悟生活的真谛，就会体悟到“平平淡淡、从从容容才是真”！

放弃凡俗的喧嚣，才能拥有心的宁静

一个人的快乐，并不是他所拥有的多，而是他计较得少。多是负担，是另一种失去。少非不足，是另一种有余。舍弃也不一定是失，而是另一种更宽阔的拥有。

人生一世，面对无限的诱惑与磨难，往往不得不在“舍与得”面前徘徊、彷徨。诱惑如同美景，如果贪多求全，终将一无所获。不如抽身而出，舍举目之求，存美景于胸，放眼天下，顿觉豁然开朗；不如洒脱阔步，舍方寸之感，踏险滩于足下，行走四方，定能感觉海阔天空。

有这么一句话：“一个人的快乐，并不是他所拥有的多，而是他计较得少。多是负担，是另一种失去。少非不足，是另一种有余。舍弃也不一定是失，而是另一种更宽阔的拥有。”可见，得而有所舍才是人类智慧之心。

一个真正有所为的人，在面对抉择时，总是能够做出正确的选择，该舍弃的毫不犹豫地坚决舍弃，该珍惜的义无反顾永远珍惜。

诗人泰戈尔说过：“当鸟翼系上了黄金时，就飞不起来了。”可见，放弃是一种智慧，是一种清醒的选择，即便你有时候舍不得。其实，无论在生活还是在工作中，很多人在放弃一些看来还不错的事情时，往往会表现出犹豫不决的态度，这正如面对鸡肋，食之无味，弃之可惜。但如果你不能果断放弃，你就不会得到更好的选择，更不会得到什么好结果。因此，我们千万不要把放弃看成是一件简单甚至无关紧要的事，有时放弃比选择更难。只有懂得放弃、敢于放弃、果断放弃，才能把握住机会，获得更大的成功！

小溪放弃平坦，是为了回归大海的豪迈；黄叶放弃树干，是为了期待春天的葱茏。蜡烛放弃完美的躯体，才能拥有一世光明；心情放弃凡俗的喧嚣，才能拥有一片宁静。

要想得到野花的清香，必须放弃城市的舒适；要想得到永久的掌声，必须放弃眼前的虚荣。放弃了蔷薇，还有玫瑰；放弃了小溪，还有大海；放弃了一棵树，还有整个森林；放弃了驰骋原野的不羁，还有策马徐行的自得。

人生就是选择，而放弃正是一门选择的艺术，是人生的必修课。没有果敢的放弃，就没有辉煌的选择。与其苦苦挣扎，拼得头破血流，不如潇洒地挥手，勇敢地选择放弃。歌德说："生命的全部奥秘就在于为了生存而放弃生存。"

放弃是一种智慧。"明者远见于未萌，智者避危于未形"。只有学会放弃，才能使自己更宽容、更睿智。放弃不是噩梦方醒，不是六月飞雪，也不是优柔寡断，更不是偃旗息鼓，而是一种拾阶而上的从容，一种闲庭信步的淡然。

放弃是一种灵性的觉醒，是一种慧根的显现，一如放鸟归林、放鱼入水。人生是艰难的航行，绝不会一帆风顺，当必须放弃时，就果断地放弃吧。放得下，才能走得远！有所放弃，才能有所追求。什么也不愿放弃的人，反而会失去最珍贵的东西。放弃时髦，是为了追求更前卫的特立独行；放弃热闹，是为了追求更丰富的心灵盛宴。

智者曰：两弊相衡取其轻，两利相权取其重。放弃难言的负荷，方能解开心灵的枷锁；放弃满腹的牢骚，方能蕴蓄不倦的威力；放弃纤巧的诡辩，方能拥有深邃的思想；放弃虚伪的矫饰，方能赢得真挚的友情。

当一切尘埃落定，当一切归于平静，我们才会真正懂得，放弃其实也是一种美丽的收获。当我们仰望高山却没有能力攀登时，我们不妨回头看看，也许我们会发现一片蔚蓝的大海；当我们想走进森林却没有寻到道路时，我们不妨环视一下周围，也许会发现广阔的草原；当我们苦苦追求的东西却无法得时，我们不妨试着放弃，也许会发现更适合自己的东西在等待着我们。

放弃不是一种无奈，也不是一种无为。其实，理智与正确地放弃，是一种成熟，更是一种智慧。放弃不是一种失落，而是一种收获。俗话说“舍得舍得，有舍才有得”，道理也就是如此。得与失是相对的，没有绝对与唯一，正如放弃与收获也是相互的，并不是背道而驰的，而是互联互牵、相伴而行的。放弃是一种人生哲学，更是一种生存智慧。

其实，放弃又何尝不是一种境界、一种睿智呢？学会放弃是一种超越，是一种站在高处看问题的另类思考，是跨越低谷后心灵释放的豁然开朗，是游刃有余地处理问题的境界。

放弃是一种智慧，是一种豪气，是更深层的进取。我们有时之所以举步维艰，是因为背负太重；之所以背负太重，还是因为不舍得放弃。功名利禄常常微笑着置人于死地，学会放弃，才能卸下人生的种种包袱，轻装上阵，迎来生活的转机，度过风风雨雨。懂得放弃，才会拥有一份成熟，才会更充实、更坦然、更轻松。

知足常乐、知足常安

“知足才能常乐，知足才能常安”，这是现代人应铭记于心并要身体力行的生存智慧。因为只有知足，我们才能根绝那些折磨人的不切实际的欲望，从而生活得安宁。

人生就是一段旅途，生和死分别是这段旅程的起点与终点。人生的路，重要的不是拥有什么，到了旅途的终点，什么也带不走。人生路，重要的是经历、心境与感悟。

学会知足吧，不要再抱怨生活与命运的不公，尽管你或许有这样、那样的不幸，尽管你的人生有缺陷，但要相信，自己的境遇比无数的人更幸福、更幸运。“得不到”和“已失去”的，再懊悔、再遗憾都没有意义，唯一有意义的就是现在能把握的。

常常听到周围的人抱怨，活着真累，做人有太多的愁苦、忧烦。的确，因为无穷无尽的欲望总难以满足，失望与忧伤时常向我们袭来。为了生活得更加美好，许多人又不得不四处漂泊，流着汗默默辛苦地工作。尽管如此，困惑与烦恼依然与我们结伴同行，而通往幸福的道路更是遥不可及。我们在莫测变幻之中倘若没有足够的聪明才智权衡利弊得失，就可能会在不经意中摔跟头。因此，学会生存的智慧对我们每一个人而言是多么重要。

每个人都有各自的欲望，人的欲望又是永无止境的，俗话说：“猛兽易伏，人心难降；溪壑易填，人心难满。”而生活所能提供给欲望的满足却又总是有限的，于是因为欲望多多，不少人虽然每天食有鱼、穿名牌、住靓宅、行有车，但是依然体味不到生活的欢乐。人生之祸又大多是由不知足引起的，唐人李群玉在《钓鱼》一文中如是说："须知香饵下，触口是钴钩。"当今世上那些贪食、贪财之人，还不是在欲望的钩子上败走麦城？更有甚者，对钱财、对权位、对美色贪得无厌，从而肆无忌惮地用不法手段攫取，以至最终搬起石头砸自己的脚，弄得身败名裂甚至误了卿卿性命。再看看监狱里形形色色的案犯，又有几个不是由于贪心而失去自由身？正如老子在《道德经》中所言的："甚爱必大费，多藏必厚亡。故知足不辱，知止不殆，可以长久矣。"其意即是说，过于爱名利就必定要付出更多的代价，过于积敛财富，必定会遭到更为惨重的损失。所以说，懂得满足，就不会受到屈辱，懂得适可而止，就不会遇到危险，这样才可以保持长久的平安。

当然，我们不能把知足理解成随遇而安、不思进取等消极的人生态度，否则"知足"只会成为我们前进路上的绊脚石。我们所说的"知足"是对现实生活的欣然接受。其实，当我们通过努力仍无法改变生活的处境时，除了欣然接受外，还有更好的选择么？

"知足"也应该是为不负有限的生命奋发图强的同时，不与他人比地位高低、比富贵享受，能坦然地对待功名利禄，有着古代仁人志士那种"不以物喜，不以己悲"的达观的处世态度，学会在平淡的日子里没事偷着乐。如果我们都能"知足"，就能在顺境中优哉游哉，万一置身逆境也能安之若素。如此，何愁生活不幸福快乐？

所谓"知足者常乐"。满足于现状，对于个人来说，并不一定就是不思进取。"君子有所为，有所不为"，对于事业，我们应该孜孜以求，而对于那些名利之事，我们大可不必计较，还是随遇而安的好。有的人钱多了不知该怎么花，而对于相当多的老百姓来说，每一分钱都来之不易。怎么办？"红眼病"是万万要不得的。钱多了还容易遭贼惦记，你要这样想，心态不就平稳了？你开着私家车是神气，可过不了十年充其量也不过废铁一堆；我骑自行车上下班，累是累了，可我一来安全，二来还符合环保要求，更重要的是还锻炼了身体。千金难买好身体，何乐而不为呢？

人生百年，不如意事常八九。所谓人比人气死人，涉及名誉、地位、钱财，人与人之间实在没有多大的可比性。这倒不是说自己一定比别人差多少，而是机会这东西有时是偏心眼。有的人官运亨通、财源滚滚、美人拥簇、宝马香车，诸多好事得来全不费工夫；轮到自己就不同了，千辛万苦，百般努力，可“好事”总和你“捉迷藏”，可望而不可即。每当此时怎么办？怨天尤人？没用；抱怨命运不公？也无济于事；撒泼骂街？也只能是丢人现眼。最好的办法，还是有一点“阿Q精神”，权且把没有吃到的葡萄理解成是酸的，不吃也罢。

“知足才能常乐，知足才能常安”，这是现代人应铭记于心并要身体力行的生存智慧。因为只有知足，我们才能根绝那些折磨人的不切实际的欲望，从而生活得安宁。

尽力就好，让结果顺其自然

做事情注重过程更重要。有句话说：“谋事在人，成事在天。”谋事即为过程，成事即为结果。它已经告诉我们，人所应该做的只是去谋事，人的责任也只是去做，去感受这个过程。

结果向来都是给别人评价的，而过程却永远是自己独享的。成功是结果，失败也是结果，在别人看来，它们不过是几个冷漠的字眼，不可能触动心灵。然而，无论结果如何，那惊心动魄的奋斗历程却永存于自己的脑海，因此，过程的价值远大于所谓的结果。

古时候有人种葫芦，却疏于照料，最后连叶子都没长好。别人指责他时，他却振振有词地反驳："我要的是葫芦，不是叶子！"没有付出就妄想获得。这当然是个笑话，但它给我们的启示却是严肃的：没有耕耘就没有收获，不注重过程，永远不会有好的结果！这是个人生哲学，许多人为了结果，竟无视过程，不择手段，最终还是落得个悲惨下场。像是那些贪官污吏，为了虚无的名利，而犯下滔天大罪，对社会造成了极大危害。历史是公平的，诸如此类人，都会得到应有的惩罚。正如臧克家所写："有的人活着，他已经死了。"

做事情注重过程更重要。有句话说："谋事在人，成事在天。"谋事即为过程，成事即为结果。它已经告诉我们，人所应该做的只是去谋事，人的责任也只是去做，去感受这个过程。通过过程，获取经验、方法、教训，最重要的是锻炼自己。既然已明白成事在天，又何苦去看重结果呢，我们的奋斗更在于拼搏的过程。

过程比结果更重要，没有过程就不会有结果。过程需要计划、调整和完善，偏重结果会导致急功近利。做任何事都需要一个过程，过程是一种苦涩的历练。谢觉哉说："神圣的工作在每个人的日常事务里，理想的前途在于从一点一滴做起。"马克思说："在科学上没有平坦的大道，只有不畏艰险，沿着陡峭山路攀登的人，才有希望达到光辉的顶点"。卡·冯·伯尔说："科学的永恒性就在于坚持不懈的寻求之中，科学就其容量而言，是不枯竭的，就其目标而言，是永远不可企及的。"西方还有句谚语："罗马不是一天建成的。"

为实现自己梦想而努力的过程虽然是艰辛的甚至是痛苦的，

但在痛苦中也有无比的快乐，因为它让我们在痛苦的磨炼中超常地发挥自己的聪明才智，充分体现了自身的最大价值。因此，过程胜过结局，为实现梦想而努力的过程才是最美的！

禅院的草地上一片枯黄，小和尚看在眼里，对师父说："师父，快撒点草籽吧！这草地太难看了。"

师父说："不着急，什么时候有空了，我去买一些草籽。什么时候都能撒，急什么呢？随时！"

中秋的时候，师父把草籽买回来，交给小和尚，对他说："去吧，把草籽撒在地上。"起风了，小和尚一边撒，草籽一边飘。

"不好，许多草籽都被吹走了！"

师父说："没关系，吹走的多半是空的，撒下去也发不了芽。担什么心呢？随性！"

草籽撒上了，许多麻雀飞来，在地上专挑饱满的草籽吃。小和尚看见了，惊慌地说："不好，草籽都被小鸟吃了！这下完了，明年这片地就没有小草了。"

师父说："没关系，草籽多，小鸟是吃不完的，你就放心吧，明年这里一定会有小草的！"

夜里下起了大雨，小和尚一直不能入睡，他心里暗暗担心草籽会被冲走。第二天早上，他早早跑出了禅房，果然地上的草籽都不见了。于是他马上跑进师父的禅房说："师父，昨晚一场大雨把地上的草籽都冲走了，怎么办呀？"

师父不慌不忙地说："不用着急，草籽被冲到哪里就在哪里发芽。随缘！"

不久，许多青翠的小草果然破土而出，原来没有撒到的一些角落里居然也长出了许多青翠的小草。

小和尚高兴地对师父说："师父，太好了，我种的草长出来了！"

师父点点头说：“随喜！”

这位师父真是位懂得人生乐趣之人。凡事顺其自然，不必刻意强求，反倒能有一番收获。

为求一份尽善尽美，人们绞尽脑汁、殚精竭虑，而每遇关系重大、情形复杂的状况，更是为之寝食难安。比如我们遇上难越的坎儿，与其百般思量，不如顺其自然，反倒能够柳暗花明又一村。

但是，当机会的大门向我们敞开的时候，还是多一些努力为好。对待工作、对待生活，尽职尽责、尽善尽美。只要自己全力以赴，就可以问心无愧了，至于结果，还是顺其自然的好！

生活中处处都有缺憾

真正的完美是没有的，生活中处处都有缺憾，有缺憾才是真实的人生。完美只在理想中存在，因此我们需要一颗平常心。

世界上没有绝对完美的事物，也没有将事都做到绝对完美的人。所谓“尽心就意味着完美”是非常有哲理的，做任何事情有疏漏并不可怕，关键在于人的心态，当你多一分满足、多一分心平气和，你就已经拥有了一份完美。真正的完美是没有的，生活中处处都有缺憾，有缺憾才是真实的人生。完美只在理想中存在，因此我们需要一颗平常心。

从前一个寺院里住着几个和尚，一个老师傅和几个小徒弟。他们平平静静地生活着，与世无争、怡然自乐。

日子一天天悠闲地过去了，老师傅已经是一个白胡子老头了，他知道自己不久将撒手西去，于是便想找一个接班人来代替他管理这个寺院。他决定从平时表现最好的两个徒弟中选一个来接手寺院。

有一天，老和尚把那两个徒弟叫到跟前，吩咐他们说："你们去后山的树林里各自找一片最完美的树叶回来给我。"两个小徒弟不知道师傅这葫芦里卖的是什么药，但也只好领命而去。

两个小徒弟走到树林里。一个小和尚想：这里的树叶不计其数，可是每一片树叶都是独一无二的呀，那到底怎么样才算是完美呢？于是望了望，捡了一片完整的、干干净净的树叶回去见师傅。师傅笑而不语。

另一个小和尚想，这么多的树叶要找一片最完美的，那多困难呀，不过师傅交代的事情一定要办好，可不能像他那样随便找一片叶子回去交差呀！于是便认认真真地找了起来。可是他找了很久，最后却空着手回去见师傅。师傅同样淡淡地一笑。

然后，师傅便问那个捡回树叶的徒弟："你拣回的这片树叶是最完美的吗？"徒弟答道："是的，虽然我并不知道师傅您说的完美到底是怎么样的，但是在我看来，这样的树叶已经算得上最完美了。"师傅点头微笑，然后又问那个空手而归的徒弟："你一片也没有找到吗？"那徒弟回答道："师傅，我在树林里找了很久，可是没有一片树叶称得上最完美呀！"

最后，师傅将寺院交给了那个捡回树叶的徒弟。

是的，两个徒弟都没能找回最完美的树叶，可是第一个徒弟却捡了自己认为最完美的树叶交给师傅。正如他所想，每一片树叶都是独一无二的，那到底怎样才算是完美呢？其实关键就是看自己怎么认为，而不应该顾及他人心中的定位。如果你认为它是最完美的，那它就是最完美的。这一点在师傅看来，是一种平常心，也是一种禅心。师傅需要的，就是这一颗平常心啊！

我们的生活中又何尝不是如此呢？许多人为了追求所谓的完美，付出了很多，失去了很多，可到最后仍然没有得到完美。就像那个空手而归的徒弟一样，到最后你会发现，为了寻找一片最完美的树叶而失去了机会是多么得不偿失！

生活，只要自己高兴、开心就好。就好像洗澡水一样，不是越冷越好，也不是越热越好，而是自己觉得舒服就行。也许，这就是一种平常心吧！我无法想象那一片最完美的树叶是什么样的，你也无法想象，我们其实都不知道。

其实，世界上从来没有绝对的完美，所谓的完美只是相对的。如果你非要刻意地追求完美，只能是徒劳无功。人的一生就像一张白纸，幸福就是那纸上五彩斑斓的色彩。但是，如果你的眼睛只看见色彩的黑、灰等暗色调，你就感觉不出它的缤纷。是的，这世界上并没有完美的事物，但是总有一样东西会属于你，比如，上苍给了你美丽的容貌，也许会夺走你的聪明；给了你富裕的家庭，也许会夺走你的爱情；给了你显赫的地位，也许会夺走你的亲情……这世界上，几乎没有一个人的一生是完美无瑕的，也没有一个人的一生是支离破碎的。当我们把眼光放在光亮的一面，我们就能看见光明。

世界上有太多追求完美的人，他们似乎不把事情做到完美就不肯善罢甘休。而这种人到了最后，大多会变成灰心失望的人。因为我们所做的事，本来就不可能有完美。所以说，完美主义者本身就是在做一个不可能实现的事情。

因为自己得不到完美的结果而产生挫折感，就这样形成一个恶性循环，最后让完美主义者意志消沉，变成一个消极的人，其危害是无穷的。所以，我们应该培养一种“没有最好，只有更好”的态度。

一心追求绝对完美的人生本来就是不完美的。人的一生就像一场竞赛，再成功的人也有失手的时候，再失败的人也有出色的瞬间。只要认真地看待生活，正确地对待自己，就会觉得，快乐的人生其实真的很简单。

适时退让，才能冲得更远

古人说“以退为进”，又说“忍一时风平浪静，退一步海阔天空”，在功名富贵之前退让一步，是何等的安然自在！

在每个人的一生中，都会因为各种原因与人发生不快和争执。在这种时候，我们大多数人都会怒气冲天，与人毫不相让，以至于与别人的关系非常紧张，弄得自己很不开心。其实，在我们遇到各种不如意之事的时候，稍微退让一点，不仅能够给别人台阶下，还能使自己免遭更多的不快，同时还能显示自己的宽容与涵养。

唐代布袋和尚曾作有一首《手把青秧》诗，诗歌道出了“退步原来是向前”的道理，诗云：

手把青秧插满田，低头便见水中天。

心地清净方为道，退步原来是向前。

这首诗告诉我们一个这样的哲理：如果遇到与人发生不快之事的时候，退让一步原来也是在向前。这时候，你退让一步，表面来看，你似乎是低头妥协了，其实，这正显示了你胸怀的宽广和为人的大度。因为你不与人斤斤计较，所以你就减少了与人的纷争，你心中也就没有怨恨和不快。同时，因为你的退让，还会使别人感觉到自己行为的过错，从而不断地反省自己，改正自己的缺点和错误。说不定他们还会因为自己的行为向你道歉呢？

曾有一则著名的故事，说明了“退步原来是向前”的道理：

一天晚上，在寂静的九虎禅寺内，有两位小和尚正在专心致志地作画。他们画的是一幅《龙争虎斗图》，为了这幅画，他们已经足足忙碌了好几个时辰，但是，总觉得还不够完美。

他们画中的龙在云端，盘旋将下；虎踞山头，作势欲扑。为了达到理想的效果，虽然两位小和尚已经对这幅画进行多次修改，但是，他们还是觉得画中的龙和虎缺少动态之美。他们殚精竭虑地思忖着，额头上聚满了许多豆大的汗珠，但仍是得不到满意的效果。

这时师傅从外面归来，两位小和尚便赶忙向他问个究竟。师傅看了看他们的画后笑着说："你们所画的龙和虎，外形上都很真实，但是，你们没有弄清楚它们的特性：龙在发起进攻前，头必须向后退缩；虎若向上扑跃时，头也必须压得很低才行。龙的颈向后缩的幅度越大，虎的头越是贴近地面，它们就会冲得越迅猛，跳得越高远。"

两位小和尚听了师傅一席话，心悦诚服地说："怪不得我们所画的龙和虎都动态不足，原来，我们一味地强调它们的进攻，把龙头画得太靠前了，虎头也画得太高了啊！"

师傅这时借机开示他们道："这与参禅悟道的道理是一样的，懂得适时退一步，才能冲得更远；懂得谦卑之后，才能跃得更高啊！"

一般人总以为人生向前走，才是进步风光的，其实退步也是向前的，退步的人更是向前、更是风光的。古人说"以退为进"，又说"忍一时风平浪静，退一步海阔天空"，在功名富贵之前退让一步，是何等的安然自在！在是非面前忍耐三分，是何等的悠然自得！这种谦恭中的忍让才是真正的进步，这种时时照顾脚下、脚踏实地地向前的做法才是至真、至贵的。人生不能只是往前直冲，有的时候，若能退一步思量，所谓"回头是岸"，往往能有海阔天空的乐观场面。

张廷玉当官时，他的弟弟因盖房子与邻居争地，彼此互不退让，以致各向前修围墙，阻断了道路。弟弟修书给张廷玉，希望他帮忙打赢这场官司。然而张廷玉做了一首诗回信道："千里捎书只为墙，让他三尺又何妨。万里长城今犹在，不见当年秦始皇。"邻居知悉后非常感动，双方遂各自退让三尺，结果反而促成了著名的六尺巷。

张廷玉的生活态度提醒着人们：退一步乃建立在宽容的忍让基础上，并时时保持内心的祥和宁静，思想才会清澈、纯净而智慧源源不绝，矛盾和冲突才有转圜余地，进而化危机为转机，内心才能享有真正的海阔天空。

一个人不管才华多高，能力多强，也不要锋芒毕露、咄咄逼人。此时要学会及时退步，需知道"棒打出头鸟"的道理。在我国历史上就有许多人因恃才傲物而不被当权者所容，最后他们为自己的锋芒过露付出了生命的代价，三国时期的杨修就是一个典型的例证。

三国时，曹操帐下有位主簿叫杨修，此人聪明过人。曹操下令建造一座相府花园，园门建成后，曹操亲自前去，打量片刻，也不说园门建得如何，只是取笔在门上写一个"活"字。工匠不知道曹操之意，十分心焦，害怕不按照丞相的要求改建将会受责，于是去请教相府谋士。众谋士均不解何意，唯有杨修说："'门'中'活'字乃是一个'阔'字，丞相嫌园门太阔了。"众人听后，都觉有理。于是，工匠重新改造园门后，又请曹操来看，曹操看后非常满意也十分惊讶，问道："是谁猜着了我的意思?"手下人说："是杨修。"曹操当众将杨修夸赞了一番，但其内心已是很忌讳他了。

另有一次，有人从塞北送给曹操一盒酥，曹操在盒上写了"一合酥"三个字，置于桌上。众人均不解，放了几天无人敢动。此时，杨修看见，竟然把装酥的盒盖掀下来，用汤匙分于众人，每人吃了一口。事后，曹操问杨修："你怎么擅自把我的酥分给大家吃了?"杨修说："丞相在盒上明明写着'一人一口酥'，我怎能违抗丞相的命令呢?”曹操和大家嬉笑一场，心里却更讨厌杨修。

曹操总是担心别人暗杀他，常常吩咐侍卫说：“我在梦里好杀人，我睡觉时，你们都不要靠近我。”一日他睡午觉把被子蹬落在地，近侍慌忙拾起给他盖上。曹操跳起来拔剑杀了这个违抗命令的侍从，然后又上床装作继续睡觉。半晌而起，装出一副吃惊的样子，假惺惺地追问：“谁杀了我的侍卫?”别人把实情告诉他，他还痛哭了一声，命人厚葬之。事后，众人都以为曹操梦中杀人，只有杨修说：“不是丞相在梦中，而是我们在梦中。”曹操听了更加憎恨杨修。

曹操的三子曹植很欣赏杨修的才能，常常邀杨修一起谈天论地。有一次曹操想试试自己两个儿子的才干，杨修却暗中为曹植作答，使得曹植总是对曹操的提问对答如流，曹操便有些怀疑，这时曹丕买通弟弟身边的人，把杨修作的答案偷给了曹操，曹操大怒，说：“这个匹夫竟敢欺骗我。”从此有了杀掉杨修之心。

很快，机会来了。刘备亲率大军打汉中，惊动了许昌，曹操也率40万大军迎战。曹刘两军在汉水一带对峙。曹操屯兵日久，进退两难。适逢厨师端来鸡汤。曹操见碗底有鸡肋，有感于怀，正沉吟间，夏侯惇入帐禀请夜间号令，曹操随口说：“鸡肋！鸡肋!”人们便把这个号令传下去。杨修即叫随行军士收拾行装，准备归程。夏侯惇也很信服，营中诸将纷纷打点行李。曹操知道后，怒斥杨修造谣惑众，扰乱军心，便把杨修斩了。

在生活中，我们总是为了进一步而争得面红耳赤，撞得头破血流，挣得鱼死网破。这样做不光于事无补，反倒适得其反，僵化了局面，使我们无法再次抬起前进的双脚。这时候，我们如果学会退后一步，人生也将为之改变。

固执己见，是给人生布设障碍

固执己见，执着陋习的人就像那过桥的盲人一样，总认为自己是正确的，不肯听从别人的意见。结果吃了小亏还不算，不撞个头破血流绝不回头，吃了大亏才肯低头承认自己错了。

人生中有太多的障碍，皆是由于过度的固执与愚昧无知而造成的。有时，我们正是因为固执于一己之念，不肯接受别人的建议和帮助，才把自己置于一种无法自拔的境地。

在某个村落，下了一场非常大的雨。一位神父在教堂里祈祷，眼看着洪水已经淹到他跪着的膝盖了，一个救生员驾着舢板来到了教堂，跟神父说："神父，赶快上来吧，不然洪水会把你淹死的！"神父说："不，我深信上帝会来救我的，你先去救别人好了。"

过了不久，洪水已经淹过神父的胸口了，神父只好勉强站在祭坛上，这时，又有一个警察开着快艇过来了，跟神父说："神父，快上来，不然你真的会被淹死的！"神父说："不，我要守住我的教堂，我相信上帝一定会来救我的，你还是先去救别人吧。"又过了一会，洪水已经把整个教堂淹没了，神父只好紧紧抓住顶端的十字架。一架直升机缓缓地飞过来，飞行员丢下了绳梯后大叫："神父，快上来，这是最后的机会了，我们可不愿意见到你被洪水淹死！"神父还是意志坚定地说："不，我要守住我的教堂，上帝一定会来救我的。你还是先去救别人好了。上帝会与我共在的。"

洪水滚滚而来，固执的神父终于被淹死了。神父上了天堂，见到上帝后很生气地质问："主啊，我终生奉献自己，战战兢兢地侍奉您，为什么你不肯救我？"上帝说："我怎么不肯救你？第一次，我派了舢板来救你，你不要，我以为你担心舢板危险；第二次，我又派了一只快艇去救你，你还是不要；第三次，我以国宾的礼仪待你，再派一架直升机去救你，结果你还是不愿意接受。所以，我以为你急着要回到我的身边来，可以好好陪我。"

这个故事中的神父固执地认为上帝会亲自来救他，结果在执拗中放弃了身边几次本可以得救的机会。

有个盲人，经过一条干涸的小溪时，不慎失足从桥上掉了下去，所幸他两手及时地抓住桥旁边的横木，当时他就急喊"救命"。路人告诉他不要怕，尽管放手，桥下没水，地面离桥只有一点点的距离。盲人不相信，抓着横木仍然大声哭喊，直到力气用尽失手跌下桥。这才知道路人没有骗他，桥下的确没有水。自己无端地受了那么多的惊吓和辛苦。

固执己见，执着陋习的人就像那过桥的盲人一样，总认为自己是正确的，不肯听从别人的意见，不到黄河心不死，不见棺材不掉泪，结果吃了小亏还不算，不撞个头破血流绝不回头，吃了大亏才肯低头承认自己错了。因此，太过固执于一己之念就会变成一种自我奴役，是给自己的人生设置障碍。

第四章

心若放宽，时时都是春天

人生苦短，如流星划过天际，为什么要一味地苛求结果呢？为什么不能去真正享受生活的快乐？为什么要人为地制造压力和烦恼？一个不懂得珍惜生活中的幸福、不去留意生命中种种美丽风景的人，即便拥有再多的金钱和荣耀，拥有再崇高的地位，他的一生也注定是痛苦和乏味的。

凡事适可而止

适可而止是一种境界，也是一种睿智。人要奋斗、要进步，但适可而止会让我们明白在哪里是需要止步的。

一生中我们想要得到的东西很多很多，可又有谁知道，当我们得到了想要的某种东西，同时却又失去了一些东西。无论做任何事，都要懂得适可而止，适可而止是一种明智之举。不可贪得无厌，因为想得到的东西越多，失去的往往就会越多，甚至包括生命。

有个人连床都买不起，家徒四壁，只有一张长凳，他每天晚上就在长凳上睡觉。但这个人很吝啬，他也知道自己有这个毛病，可就是改不了。

他向上帝祈祷："要是我发财了，我绝不会像现在这样吝啬。"

上帝看他可怜，就给了他一个装钱的口袋，说："这个袋子里有一个金币，当你把它拿出来后，里面又会有一个金币，但是当你想花钱的时候，只有把这个钱袋扔掉才能花钱。"

那个人欣喜若狂，他不断地往外拿金币，整整一个晚上没有合眼，地上到处都是金币。这一辈子就算什么也不做，这些钱也已经足够他花了。

每次当他决心扔掉那个钱袋的时候，他都很舍不得。他不吃不喝一直往外拿着金币，屋子里装满了金币。可是，他还是对自己说："我不能把袋子扔了，钱还在源源不断地出来，还是在钱更多的时候再把袋子扔掉吧。"

最后，他虚弱到连把钱从口袋里拿出来的力气都没有了，但他还是不肯把袋子扔掉，最终死在了钱袋的旁边。

这个人是个典型的守财奴，既贪婪又吝啬，有多少财产也不知足，结果最后穷得只剩下金子，而身心健康乃至生命全都不复存在了。

很多时候总听到有人这样说：我再坚持一下就好了。其实，这个坚持是什么呢？如果是指透支自己的体力、脑力的话，那这个坚持真的就是不必要的了。累了，就趴下来，什么都不要想，不要想还有多少事情没有完成，不要想已经做完的工作会怎么样。因为很多的事情并不是一个人努力了就可以达到的，也不是一个人想到了就能做到的。如果说适可而止是一种境界，那么，只要我们每个人都尽力了，那么我们所到达的那个高度对个人而言就是最高点，对人生来说，那一处便是自己所能领略的风景最佳处。

对于人生、事业的追求，有人把适可而止与遗憾看成是对等的。其实，一个人只要是按照自己所能承载的度适度地去努力，那便没有什么遗憾。

某企业家在体力严重不支的情况下仍然坚持攀登珠峰，也许他在登顶的一刹那是快乐的，但是这种快乐换来的却是他人生最大的悲剧，这种遗憾已是无法弥补。但另有一位无氧登山运动员，在一次攀登珠峰的活动中，到了6400米的高度时，他渐感体力不支，便停了下来，在与队友打了个招呼后便悠然下山了。后来有人为他惋惜：再坚持一下，就可以越过6500米的登山死亡线了。但是这位无氧登山运动员却回答得很干脆：他不遗憾，因为，6400 米就是他登山的最高点。的确没有什么可遗憾的，因为一个人已经达到了自己的最高点，而不是参照他人的最高点。人生有很多的风景，但并不是每一处你都能够到达，适可而止是一种大智慧。

适可而止说的就是一个度，过了这个度就与原本的意愿相违背了。曾经有一位政府官员对他的下属说过这样一句话："对企业优质服务是应该的，但是这个度一定要掌握好，某种程度上，过度的服务就是骚扰。"这便如一户人家来了客人，主人自是热情万分，按说热情自是应该的，但如果寒暄过头反而会让客人不知所措。走进商场，倘若商家不热情，顾客一定感觉不好；如果商家一个劲儿地跟在后面介绍这、推荐那，就会让顾客觉得没有一点自己自由挑选的空间了，一个字：烦。所谓与人相处也需一个度才是。物极必反一方面道出了事物的两面性，另一方面也道出了适可而止的真谛所在。

适可而止是一种境界，也是一种睿智。人要奋斗、要进步，而适可而止会让我们明白在哪里是需要止步的。

学会停止是对生命的尊重和敬畏，也是对生活的珍视和负责。每个人的生命和能力都有自己的极限，超过这个极限可能就会适得其反。不顾自己所能承受的能力而一味地勇往直前，是对生命的虐待和亵渎。

人的生命只有一次，和生命相比，无论怎样的高度都是次要的，正确地估计自己的能力，量力而行、适度而止，才能描绘出人生最美的图画。

给心灵留一些空间

美好的生活，应该是时时拥有一份轻松自在、潇洒自如的心态，不管外在的世界如何变化，自己都能有一片清静的天地。

生活的空间，须借清理删减而留出；心灵的空间，要经思考感悟而扩展。重要的不是发生了什么事，而是我们处理它的方法和态度。假如我们转身面向阳光，就不可能陷身在阴影里。

当我们拿花送给别人时，首先闻到花香的是我们自己；当我们抓起泥巴想抛向别人时，首先弄脏的也是我们自己的手。一句温暖的话，就像往别人身上洒香水，自己也会沾到香味。因此，心存好意，脚走好路，身行好事。有道是“送人玫瑰，手留余香”。

光明使我们看见许多东西，也使我们看不见许多东西。假如没有黑夜，我们便看不到闪亮的星辰。即使是曾经一度使我们难以承受的痛苦磨难，也可使我们的意志更坚定，思想、人格更成熟。因此，当困难与挫折到来时，应平静地面对、乐观地处理。

不要在人是我非中彼此摩擦。有些话语称起来不重，但稍一不慎，便会重重地压到别人心上。同时，也要告诫自己，不要轻易被别人的话语刺伤。

在生活中，一定要让自己豁达些，因为豁达的自己才不至于钻入牛角尖，也才能乐观进取。在生活中，还要开朗些，因为开朗的自己才有可能把快乐带给别人，让生活中的气氛显得更加愉悦。

心里如要常常保持快乐，就不要把人与人之间的琐事当成是非。有些人常常在烦恼，就因为别人一句无心的话他却有意地接受并堆积在心中，耿耿于怀。

美好的生活，应该是时时拥有一份轻松自在、潇洒自如的心态，不管外在的世界如何变化，自己都能有一片清静的天地。清静不在热闹繁杂中，更不在一颗所求太多的心中，放下挂碍、开阔心胸，心里自然清静、无忧。

完美只存在于想象中

人生确实有许多的不完美，但我们可以选择走出不完美的心境，而不是在不完美里哀叹，当然，也不是去一味地追求所谓的完美。

在日常生活中，我们常见到这样一种情况：有些人会因为某种瑕疵而觉得痛苦异常。有人因为个子矮而自卑；有人因为眼睛小而心烦；有人因为肥胖而发愁；等等。这些人往往只看到缺陷，而没有发现瑕疵也是完美的一部分。要求事事都尽善尽美，那是不可能的、不现实的。追求完美是我们进取向前的动力，但不能刻意要求任何事情都完美无缺。

追求完美有时是一种好的现象，促使我们朝最好的方向发展，但是绝对完美的事物根本就不存在，因此，如果你还在刻意地追求完美的话，请放弃这种想法吧！

完美主义者在做任何事情之前，都不能克服自己追求完美的激情和冲动。他们想把事情做到尽善尽美，这当然是可取的，但他们在做一件事情之前，总是想使客观条件和自己的能力也达到尽善尽美的完美程度，然后才去做，因而，这些人的人生始终处于一种等待的状态之中。他们没有做成事情不是他们不想去做，而是他们一直等待所有条件都成熟、完美，因而没有做，结果就在等待完美中度过了自己不够完美的人生。

完美主义的人表面上都很自负，内心深处却很自卑，因为他们很少看到优点，总是关注缺点，总是不知足，很少肯定自己，自己就很少有机会获得信心，当然会自卑了。不知足就不快乐，痛苦就常常跟随着他们，周围的人也一样不快乐。

当我们缺少一些东西时，往往会有更完整的感觉。一个拥有一切的人，在某种意义上讲是一个贫困之人，因为他永远不知道希望和梦想的感觉，永远没有自己最想要的东西被爱他的人给予的经历。

缺憾也是我们的一部分，为了一点点缺憾而否定自己，实在是一件很傻的事。只有不为缺憾耿耿于怀，我们才能好好享受生活。人生就是充满缺憾的旅程。从哲学意义上讲，人类永远不满足自己的思维、自己的生存环境和生活水准，这就决定人类不断创造和追求。没有缺陷就意味着圆满，绝对的圆满便意味着没有希望、没有追求，意味着停滞。人生圆满，人便停止了追求的脚步。

追求完美没有错，可怕的是追而不得后的自卑与堕落，即使缺陷再大的人也有其闪光点，正如再完美的人也有缺陷一样。能够充分发挥自己的长处，照样可以赢得精彩人生。

曾经有一个圆，因为缺了一角，所以很不快乐，于是，他动身去找所缺的一角，他一路向前滚动，一路唱“我要去寻找失去的一角”。他忍受着日晒，经受着寒冷，被冰雪冻僵，又被太阳温暖。由于缺了一角，他没法滚得太快。他有时候会停下来和小虫说说话，或者闻闻花的芳香；有时候他超甲虫的车，有时候甲虫超他的车；最愉快的是他和蝴蝶一起嬉戏的时光。他渡过海洋和湖泊，穿过沼泽和丛林，翻越丘陵和高山。

终于有一天，他遇上了最合适的一角，总算找到了，他感觉真好。他把一角装上，成了一个完美的圆。他一路高兴地唱“我找到了我失落的一角”。因为不再缺少什么，他越滚越快，快得停不下来和小虫说说话，停不下来闻闻花香，停不下来和蝴蝶嬉戏，最后他再也不能歌唱了。他开始明白了点什么，停了下来，把那一角轻轻放下，从容地走开，又开始了一路的歌唱“我要去寻找失落的一角”。

这个故事告诉我们，在追求完美的过程中，我们会在不知不觉中失去很多的东西，比如快乐。完美其实只存在于想象中，就像故事中缺了角的圆一样，即使找到了失去的一角，完美之后又发现了不完美。其实，完美与不完美，关键就看我们自己在什么角度看。有时，不妨换一个角度，也许会发现，不完美中的完美。

世上本无完美，不必过于苛求

优秀且完美的伟人只能出现在文学作品和民间传说中。即使是优秀者也是有缺点的，能够克服的缺点，就尽量改正，不要刻意让自己一切都做到尽善尽美，否则将适得其反。

在人生的路上，我们不能迷信，更不能盲从。幸福的定义是现实综合力量和人生目标的平衡。每个人都有自己确定的价值观，每个人都有人格和性情中的先天优势和不足，最重要的是看你以什么样的态度看待问题，以什么样的方法处理问题。名垂青史之人，也不是各方面都是优秀的，只不过他们的某一项成就足以让他们名留青史，而这些成就早已把他们身上的不足掩饰得恰到好处。

有一个追求完美的故事令人深思。一位男士自认完美，所以他刻意追求完美的女性来做婚姻伴侣，寻寻觅觅了多年，直到七十多岁，牙齿都已经松动了，仍然是毫无所获。

有位好友问他：“经过这么多年，你跑遍世界各地，总该见到不错的人了吧？”

这位男士回答道：“对！我曾经遇到一位完美的女士。”

朋友听了，兴奋地追问：“那你向她求婚了没有？”

“我是向她求婚了，但是她拒绝了我，因为她也在寻找完美的另一半。”七十多岁的“完美”男士很失望地说道。

世界上没有完美无缺的人。如果真有完美无缺的人，你若在他身边，也会觉得非常不适应。相比之下，相形见绌，自然会有一种无形的排斥和威胁。聪明的萧何，在刘邦的面前不时流露出一点贪婪的本性，就是想让刘邦对自己不设防范、不猜忌。自己身上明明有缺点，还要刻意掩饰，就好像掩耳盗铃一样，不过是自欺欺人罢了。面对问题，不能一味地宽容、放任自流，但是也不能过于严厉，不能苛求。

优秀且完美的伟人只能出现在文学作品和民间传说中。即使是优秀者也是有缺点的，能够克服的缺点，就尽量改正，不要刻意让自己一切都做到尽善尽美，否则将适得其反。与此同时，我们也不能把目光只停留在伟人的缺点上，认为既然伟人如此，自己的缺点也不算什么，这样会使自己停止前进的脚步。对于某一件事情，我们只要尽力了，这就是最好的状态。事物都是具有两面性的，在某一种情况下，显现出来的是优势，在另一种情况下，可能就是劣势。因此，我们只能合理地把握自己的长处，勉励自己更豁达些。我们必须明白，没有每个细节都完美的伟人。

不管做什么，哪怕是重复千次、万次，都不会让所有的人满意。孔子说：“三人行，必有我师焉。择其善者而从之，其不善者而改之。”我们能够做的只是扬长避短。世界上没有完美的人，正视自己的长处和短处，取他人之长补己之短，把自己的优点发挥至极致，你将会拥有精彩的人生。放宽标准，放松要求，容许自己有“不够好”的部分，允许自己有“需要改进”的地方。当你把要求世界是 100 分变成只要 80 分的时候，你的人生将变得更有乐趣、更有弹性。

人生苦短，如流星划过天际，为什么要一味地苛求结果呢？为什么不能去真正享受生活的快乐？为什么要人为地制造压力和烦恼？一个不懂得珍惜生活中的幸福，不去留意生命中种种美丽风景的人，即便拥有再多的金钱和荣耀，拥有再崇高的地位，他的一生也注定是痛苦和乏味的。浮华之后终归于沉寂，喧嚣之后终归于宁静，热烈之后终归于淡漠，混沌之后终归于澄明。生活平平淡淡、从从容容、轻轻松松才是真。

都说认真的人最可爱，认真能让工作变得出色，能让生活变得精致，也能让人生变得幸福和充实，认真的态度是每个人都需要的，不管是在工作中还是生活里。然而，我们却看到不少人认真得近乎偏执，对自己苛求过多，导致人生过于沉重。

人的一生中，挫折、坎坷是难免的，痛苦和欢乐同在，烦恼与幸福共存，总之，成功与失败是并存的。我们越是对成功苛求，失败时，痛苦也就会越深，这也是心理学中所说的智能越高，对苦闷的体验就越敏感。不能成为第一，就坦然充当第二；不能拥有伟大，就甘愿静守平庸，用轻松的人生规则主宰自己的快乐，又有何不可呢？

过于苛求往往还隐藏着偏执与自我压抑，导致身心不健康。过于苛求自己的人通常感到自己的压力更大、更焦虑，身心更易疲惫，长期在这种情绪下容易走上极端，不少人年纪轻轻就患上各种身心疾病，比如抑郁症。这就是过于苛求的结果。

俗话说：“水至清而无鱼，人至察则无徒。”现实生活中，对人、对事、对自己都不宜过于苛求，否则会使自己生活在孤寂和焦灼之中。我们生活的目的在于发现美、创造美、享受美，而不是盯着完不成的极限、遥不可及的梦想，以此折磨自己，最后，抓狂在自己的苛求中。

放得下，才是真正的富有

一位哲人曾说过：“你来到人世间，要想活得潇洒，活得自在，活得快乐，应该有一种乐观向上的情怀。”有了乐观的情怀，面对任何危难就都不会恐惧、不会忧郁、不会烦恼了。

生活的发展和社会的进步使我们居住的空间不断扩大，使我们的视野不断开阔，可是我们却常常会有一种挤压感，一种身居哪里都被压缩得喘不过气来的挤压感。不合时宜的感觉处处为难我们，迷乱了我们对生活的憧憬和热爱。一天天变化的人，一天天变化的社会环境，让我们觉得有些措手不及，我们渴望轻松和快乐，可是往往却找不到通向轻松和快乐的通道，只有沉重的感觉如影随形地跟着我们。有资料表明，年轻人中有自杀倾向的人越来越多。他们觉得生活没有意义，极度空虚，于是，男人酗酒、吸毒，在酒精和毒品中寻求刺激，女人则沉迷于整容、瘦身、购物，甚至放纵于性欲的陷阱中。

生活中越来越多的人觉得自己被实实在在的生活压得喘不过气来，甚至头晕眼花。著名捷克作家米兰·昆德拉有一句名言，“承受生命之重”。实际上绝大多数人不堪承受生命之重，因为他们被所占有的物质财富——好房、名车、高收入、高开销等欲望折磨得疲惫不堪。其实，物质财富并不像很多人想象的那样重要。有许许多多的人是在令人难以察觉的绝望状态下生活的，这种情况在工业化程度较高的西方国家尤其严重。美国心理学家戴维·迈尔斯和埃德·迪纳已经证明，物质财富是一种很差的衡量快乐的标准，人们并没有随着社会财富的增加而变得更加快乐。

快乐和幸福有时与物质无关。无论是大款，还是收入微薄的退休工人，都可以生活得悠闲、舒适。在过“简单生活”这一点上，人人平等。拿破仑拥有普通人所追求的一切：荣耀、权力、财富，可是，他却在圣赫勒拿说：“我一生中从未有过一天快乐的日子。”海伦·凯勒，一个听不见、看不见、不能说话的女子却表示：“我发现生命是如此美好。”可见，内心的平静和我们生活中的种种快乐并不在于我们身在何处，拥有什么，或者我们是什么人，而在于我们的心境。

有时我们的内心充满了紧张感，是因为我们对不可预知的未来充满了忧虑和恐惧，总担心有什么灾难会突然降临到我们头上。俗话说：天有不测风云，人有旦夕祸福。现实要比人们想象的复杂得多，有时并不是你所遭遇的环境使你受到挫折，而是由于你自己的想象。一个人心里所想的，就是他将要成为的。

有许多事情，往往总是会超出人们的意料，超出人们的支配能力。试想：谁能料到自己何时遭祸、何时得福呢？谁又能料到自己何时健在、何时病倒呢？关键问题是：面对飞来横祸或是莫名的病痛，你是从容平静、清心自然、乐观向上，还是惶恐惊悸、忧郁烦恼、悲观失望？

一位哲人曾说过：“你来到人世间，要想活得潇洒，活得自在，活得快乐，应该有一种乐观向上的情怀。”有了乐观的情怀，面对任何危难就都不会恐惧、不会忧郁、不会烦恼了。

有时，我们觉得自己就像一个没有安全阀的锅炉，压力终于到了无法承受的程度，似乎突然有一天就会爆发——精神彻底崩溃，其实没有特别的原因，只是因为我们在生活的道路上遇到了挫折和坎坷，经历了失败和打击。既然生活的道路布满荆棘，那么前进的途中难免要受伤，生活中不可能永远一帆风顺，一定会有挫折和伤痛，这很正常，但是我们可以很快忘掉这些，然后继续昂首阔步地前行。

一个青年背着个大包裹千里迢迢跑来找无际大师，他说："大师，我是那样孤独、痛苦和寂寞，长期的跋涉使我疲倦到极点；我的鞋子破了，荆棘割破双脚；手也受伤了，流血不止；嗓子因为长久的呼喊而喑哑……为什么我还不能找到心中的阳光？"

大师问："你的大包裹里装的什么？"青年说："它对我可重要了。里面装的是我每一次跌倒时的痛苦，每一次受伤后的哭泣，每一次孤寂时的烦恼……靠了它，我才能走到您这儿来。"

于是，无际大师带青年来到河边，他们坐船过了河。上岸后，大师说："你扛了船赶路吧！""什么，扛了船赶路？"青年很惊讶："它那么沉，我扛得动吗？""是的，孩子，你扛不动它。"大师微微一笑，说，"过河时，船是有用的。但过了河，我们就要放下船赶路，否则，它会变成我们的包袱。痛苦、孤独、寂寞、灾难、眼泪，这些对人生都是有用的，它能使生命得到升华，但须臾不忘，就成了人生的包袱。放下它吧！孩子，生命不能太负重。"

青年放下包袱，继续赶路，他发觉自己的步子轻松而愉悦，比以前快得多了。

原来，生命是可以不必如此沉重的。其实，人这一生能得到什么呢？只有过程，只有注满在这个过程中的心情。所以，一定要注满好心情。既然失败已经无可挽回，为什么不将注意力转移开来，将自身的强烈痛苦化为永恒的美好？何必苦苦执着于那些令自己不愉快的事物上，坚持做一个可歌、可泣的悲剧英雄呢？一个人越是能够放得下很多事，他越是富有。

用智慧的剪刀去修剪欲望

人是在欲望中生存发展的，正因为人有欲望，才会推动社会历史的巨轮滚滚向前。但欲望对于人，过之则为恶，少之则为善。何为少？简言之，就是应在法度允许的范围内去满足。

茫茫人海，芸芸众生其实每天都在追逐着各自的“食物”，有人为吃不到的“食物”而黯然伤神；有人为吃到了“食物”而欢呼雀跃；有人为吃到更多的、更好的“食物”而绞尽脑汁，甚至不惜犯罪。隋朝王通有句名言“廉者常乐无求，贪者常忧不足”。人一旦有了贪的欲望，放弃了清廉，就会在贪欲的泥沼中沉沦，直至堕入万劫不复的深渊。

老子说“罪莫大于可欲，祸莫大于不知足，咎莫大于欲得”，所以道家强调“无为而无不为”。然而，大千世界中的芸芸众生并不因此而变得无欲无求。王国维在《红楼梦评论》中说道：“生活之本质何？欲而已矣。”此话真切地道出了生活与欲望的关系，也说明了人与欲望的不可割裂性。不想当将军的士兵不是好士兵，打工仔想当老板，贫汉想当富翁，欲望激励着人们去拼搏、奋斗，所以才有那么多立志成才、艰苦创业、功成名就的英雄人物。

的确，欲望与生俱来，生命一开始，欲望就诞生了，饿了要吃饭，冷了要穿衣，这是人的本能欲望。根据心理学和社会学的研究，欲望是“人的个性倾向、人的能动性的源泉和动力”。就生命科学而言，欲望是生命的动力，使人类绵延并生生不息。同时，人的欲望的满足，也是生命消耗的过程，生命停止则欲望消失。

正因为要不断满足内心的欲望，所以人类在不断地追求更美好的生活。人类经由原始文明、农业文明进入工业文明之后，物质生产方式发生了根本性变化，生活方式也不断地随之改变。所谓生活方式，即指人生存和发展过程中形成的生活态度、价值趋向、消费模式、生活风格、社会心理、行为特点等。人类生活方式的演进，既有进步也有弊端。弊端如：

贪欲无限。一位哲学家说得好："由于创造出了剩余价值而诱发了享受的理念，由于追求享受而激发了贪欲与进取，由于贪欲与进取而产生了矛盾和冲突，由于矛盾和冲突而促进了科学技术的发展，由于科学技术的发展而创造出了更多的剩余价值，由于更多的剩余价值，又激发了人们更高的享受欲望，如此循环往复以致无穷。"无止境地占有财富和物品，是现代人生活的一大特点。

消费无度。当人们的物质生活水平达到较高程度后，消费的目的开始发生变化，消费不再主要是一种物质性消费行为和物质生活过程，消费更是为了满足建构身份、建构自身以及建构与社会、他人的关系，以此体现自己的社会地位。消费者，尤其是富裕的社会阶层，通过对物品的超出实用和生存所必需的浪费性、奢侈性和铺张性消费，向他人炫耀和展示自己的经济实力和社会地位，形成一种炫耀性消费。

正如一个典故所揭示的：

曼谷的西郊有一座寺院，因为地处偏远而香火冷清。原住持圆寂后，索提那克法师来到寺院做新住持。初来乍到，他绕着寺院四周巡视，发现寺院周围的山坡上到处长着灌木。那些灌木呈原生态状，树型恣意而张扬，看上去随心所欲、杂乱无章。索提那克找来一把园林修剪用的剪子，不时去修剪一棵灌木。半年过去了，那棵灌木被修剪成一个半球形状。僧侣们不知住持意欲何为，问索提那克，法师却笑而不答。之后对那些来寺院烧香的客人，法师都如法炮制，让他们不断地去修剪灌木，当有人感到困惑时，法师对客人说：“施主，你知道为什么当初我要建议你来修剪树木吗？我只是希望你每次修前，都能发现，原来剪去的部分，又会重新长出来。这就像我们的欲望，你别指望完全消除。我们能做的，就是尽力把它修剪得更美观。放任欲望，它就会像这满坡疯长的灌木，丑恶不堪。但是，经常修剪，就能成为一道悦目的风景。对于人最基本需求之外的事物，只要取之有道，用之有道，利己惠人，它就不应该被看作是心灵的枷锁。”客人恍然大悟。此后，随着越来越多的香客的到来，寺院周围的一棵棵灌木也被修剪成各种形状。这里香火渐盛，日益闻名。寺院的香火旺盛正得益于法师所宣扬的修剪欲望的思想。

人是在欲望中生存发展的，正因为人有欲望，才会推动社会历史的巨轮滚滚向前。但欲望对于人，过之则为恶，少之则为善。何为少？简言之，就是应在法度允许的范围内去满足。这就像用一把智慧的剪刀，去修剪那些歪枝斜杈——名欲、利欲、色欲、权欲。

欲望是树，我们为欲望也找一个园艺工人，定时地修剪不该长出的枝丫，想必它也不会遭遇夭折的命运。修剪的本身是痛苦的，修剪的结果是幸福的；修剪的初期是难看的，修剪的长期是美丽的；修剪的技术是精湛的，修剪的技艺是需要提高的；修剪的对象是难受的，修剪的人是需要毅力的，有时需要自己修剪，有时需要他人帮助。

剪去狂躁，才能冷静、从容处世；剪去虚伪，才会表里如一，实实在在做人；剪去谄媚，才能行直、坐正，光明磊落，正义在胸。剪去物欲，可与梅为伍，品自高洁；剪去猥琐，可与松为伍，能傲霜雪；剪去自卑，可与山为伍，顶天立地。剪去这些歪枝斜杈后，就会有一颗平常心，心态平和静如云，轻看名利淡如菊，正直为人挺如竹，笑对坎坷韧如藤。

欲望是一柄双刃剑，恰当的、理性的、有节制的欲望就会演变成追求，可以为人生注入前行的动力，提高生活的质量，提升生命的高度；反之，一味地放纵自己的欲望，任由欲望失控、泛滥，就会让自己坠入深渊，万劫不复。所以，驾驭好自己的欲望，为自己的欲望备一把剪子，随时修剪那扩张、蔓延、非分的欲望。

用宽容浇灭愤怒之火

任何一个有理智的人都要让自己的行为控制思绪，绝不能让思绪逍遥法外，嚣张地在自己的空间内狰狞地狂笑，而是要尽自己的所能去操纵和把握情绪，使之乖乖地束手就擒！

如今的社会处于快节奏的时代，每个人所要面对的人和事也越来越多，人和人不一样，所遇到的事也不一样，这就决定了我们要以不同的方式和心态与之对应。怎样才能游刃有余地处理好现实中碰到的种种问题呢？这就要保留一个平静而独立的空间。以“不变”应“万变”，并进行适当的情绪调控。

我们每天都要有一个好心情，做到心平气和，否则迎来的又将是失败的一天。“一种心情，一种风景！”“弱者是让思绪控制行为，强者是让行为控制思绪”。每天醒来，当你被悲伤、自怜、失败的情绪包围时，我们就这样与之对抗：沮丧时，引吭高歌；悲伤时，开怀大笑；苦闷时，加倍工作；自卑时，换上新装；穷困潦倒时，想象未来的富有；气馁时，回想过去的成功。可以说心情直接决定了每个人处理事情时的心态。

所以，任何一个有理智的人都要让自己的行为控制思绪，绝不能让思绪逍遥法外，嚣张地在自己的空间内狰狞地狂笑，而是要尽自己的所能去操纵和把握情绪，使之乖乖地束手就擒！

从前，在一个水池里，住着一只坏脾气的乌龟，它和来这里喝水的两只大雁成了好朋友。

后来，有一年，天旱了，池水干涸了，乌龟没办法，只好决定搬家，它想跟大雁一起去南方生活。但它不会飞，于是两只大雁用一枝树枝，叫乌龟咬着中间，大雁各执一端，并吩咐乌龟不要说话，就动身高飞。

它们飞过翠绿的田野，飞过蔚蓝的湖泊。地上的孩子们看见，觉得这个组合很有趣，拍手笑起来："你们看呀，那只乌龟很滑稽啊。"乌龟本来得意扬扬，听到嘲笑后大怒，就想开口责骂他们，可是它的口一张开，就跌下来，碰着石头死去了。

大雁叹气说："坏脾气多么不好呀。"

实际上，情绪一坏，一个人就在心理力量上被解除了武装。更有甚者，情绪甚至会伤害别人，而无法复原。

有一个男孩，很任性，常常对别人发脾气。一天，他的父亲给了他一袋钉子，并告诉他："你每次发脾气时，就钉一颗钉子在后院的围墙上。"

第一天，这个男孩发了37次脾气，所以他钉下了37颗钉子，慢慢地，男孩发现控制自己的脾气要比钉下一颗钉子容易些，所以，他每天发脾气的次数就一点点地减少了。终于有一天，这个男孩能够控制自己的情绪了，不再乱发脾气了。

父亲告诉他："从现在起，每次你忍住不发脾气的时候，就拔出一颗钉子。"过了许多天，男孩终于将所有的钉子都拔了出来。

父亲拉着他的手，来到后院的围墙前，说："孩子，你做得很好，但是现在看看这布满小洞的围墙吧，它再也不可能回复到以前的样子了，你生气时说的伤害别人的话，也会像钉子一样在别人心里留下伤口，不管你事后说了多少对不起，那些伤痕都会永远存在。”

人与人之间常常因为一些彼此无法释怀的坚持，而造成永远的伤害。如果我们都能从自己做起，开始宽容地看待他人，相信一定能收到许多意想不到的结果。帮别人开启一扇窗，自己也看到更完整的天空。转过愤怒的拐角，就是宽容和快乐的大道。

多一些包容，就多一些和谐

包容，不仅是一种美德，也是一种涵养，它不仅产生和谐，而且产生凝聚力。让我们共同努力，多一些包容，多一些关爱和尊重，让社会变得更加和谐，让世界变得更加美好。

“人非圣贤，孰能无过，过而改之，善莫大焉”。当别人犯错时，需要我们以包容的心态来审视别人的错误，谅解别人的无意过失，接受别人的诚恳认错。一个人的一生是漫长的，人生道路是坎坷的、曲折的，一不小心就会误入歧途。这时需要你的包容来感化他，引领他走向正确的道路。

学会包容才能更好地为自己铺上一条平坦而又多姿多彩的道路。俗话说得好，“多一个朋友多一条路，多一个仇人就多一堵墙”。包容他人也能够让他人帮助自己，使自己少走一些弯路。人因为包容而为自己消除一些烦恼，为人生增添一些色彩。对抗有时只能是两败俱伤，只有包容才能相互发展。

由于每个人所受的教育程度不同、社会环境影响不同、所参与的社会活动不同，所以，要想学会“包容”就要先学会“理解”，也只有学会理解他人才能做到“包容”。所以，“理解”与

“包容”，一种是理智上的认识，一种是行为上的行动。二者融为一体，时刻注意尊重他人是包容，看大局而不去计较小节是包容。看法不一、意见不一的更需要包容。有时对一些无知者的原谅与迁就也是一种包容，年长者对孩子的无知行为是另一种包容，这说明包容会反映出不同的积极效果。

现实生活中存在一些不和谐的现象，比如朋友间的误会，同事间的纠葛，邻里间的纷争，夫妻间的争吵等。如果人与人之间能够互相包容、忍让，那么，这些不必要的误会、矛盾、摩擦就可以避免，世界就充满了爱，人与人之间就少了隔膜、少了猜忌、少了仇恨。

包容，不仅是一种美德，也是一种涵养，它不仅产生和谐，而且产生凝聚力。让我们共同努力，多一些包容，多一些关爱和尊重，让社会变得更加和谐，让世界变得更加美好。

有人认为“包容”是人的一种心态，这只是片面的认识。一个人在社会交往中学会包容不是一件简单、容易的事情。包容是以社会道德观念作为基石，以礼貌的形式对待和处理事物，是对“礼”的一种超越。但是所谓“包容”不是对任何事物都需忍让、不分青红皂白地容纳其存在，包容是有原则的。学会包容还要考虑前提条件和对待事物的心态，这与迁就、无条件服从是有原则区别的。

不做钱财的奴隶

如果把人与物质关系中的欲望投射到人与人的关系上，那么人与人之间形成的就必然只是功利关系。

人只有满足了基本生存要求才能做到知理、知法，如果温饱不能保证，则天下大乱。钱可以为人们带来很多便利，但是，挣钱的作用是为了使自己更方便，所以钱不是神，而是仆。有钱人比别人更方便，所以富贵之人对待他人更应该宽厚，更有修养。做个有修养的有钱人，使言行与身份相称，思想与地位相符，否则，有失身份，有损形象，还不如做个贫困之人，免遭唾弃。

巴尔扎克笔下的吝啬鬼葛朗台虽然拥有很多的金钱，但是，他每天也就是听听金币的响声，他舍不得吃、舍不得喝、舍不得给女儿陪嫁妆，落得个众叛亲离的下场。在我们的生活中，构成生活最重要因素的关系，不是我们与物质的关系，也就是说，我们与财富、金钱的关系并不是最重要的。我们生活中最重要的关系是人与人之间的关系，是我与你、我与他，我们与大家、我们与他们的关系。这些关系的维护，靠的绝不是社会价值体系。如果把人与物质关系中的欲望投射到人与人的关系上，那么人与人之间形成的就必然只是功利关系。这不仅是人生命的异化，而且也是人生意义和价值的虚无化。

人在物质面前到底起什么样的作用，关系重大。如若人成为物质的奴隶，受物质需要驱使，那么社会里充满各种欺诈和压迫是不可避免的，在这种社会中，犯罪成了一种谋生的手段；反过来，如若人成了物质的主人，物质不仅用来实现个人的生存和满足个人的欲望，而且也是用作生活中相互关心的一个项目，物质靠着人与人之间的同情和关爱而相互传递。在这两种情况中，虽然物质的性质没有改变，但是人的地位改变了，前者的人彻底丧失了自由，物质力量支配了他的行动和思想；后者的人是自由的，人格是独立和自尊的，他是物质世界的主人。前者是奴隶，后者是主人，二者有多么不同啊！

奴隶不仅没有自由，而且是被动的，不由道德、理性来支配其行动和思想，他的行动和思想完全是非理性的，也是荒谬的。还有一点，这些人还是不负责任的人，因为他们的思想是被动的，所以他们没有社会责任感。如果他们喜欢鲜花，他们会立即从花园里把它们摘下来；而花园主人则不同，他们喜欢鲜花是靠劳动来种植和养护它们。虽然摘鲜花的和种鲜花的两人都拥有鲜花，但性质不同：摘鲜花的拥有的是有限的鲜花，而种鲜花的拥有的是永恒的鲜花；摘鲜花的拥有鲜花的尸体，而种鲜花的拥有鲜花的生命。

因此，对待金钱我们应有这样的认识：钱财乃是身外之物，生不带来死不带去。金钱是为人的生活服务的，人不可做钱财的奴隶，金钱只是交换的一种媒介物，只有在交换过程中才能体现它的价值，不要将钱深藏于地下。

以人性驾驭物性，便是知足

“足”和“不足”是对立的，但是，也是辩证的。知“不足”，所以，才知“足”；不知“不足”，所以，才不“知足”。“不足”，才可以“知足”；不“知足”，便总是“不足”。

“知足者常乐”这一成语的意思是说：知道满足，就总是快乐、幸福。也就是说，人们只要安居乐业、丰衣足食，就能无忧无虑、幸福快乐。它告诫人们要安于已经得到的物质、利益、地位等。

我们常常对自己的境遇感到不满，认为自己不如某某人。这样，我们就会因为各种事情搞得自己心烦意乱甚至压力重重。这一切都源于我们对生活不知足。

也许，我们觉得自己的职位不高，而去努力工作；也许，我们因为自己的钱太少而去拼命挣钱；也许，我们对自己的住房条件不满意，而去争取好一些的房子。也许，当这一切都实现后，又感到不满，继续去努力获得一些更好的东西。当一切结束时，我们会叹息，我们拼搏了一辈子，为了生活过得好一些，可是到最后，我们并没有享受到我们的成就。

“知足者常乐”，它出自《老子》：“祸莫大于不知足，咎莫大于欲得，故，知足之足，长足矣。”古往今来，不知有多少人恪守这一箴言，一生平平安安、幸福美满；也不知有多少人不以为然，甚至反其道而行之，结果却一生坎坷、多灾多难。“不知足”是人的本性，“知足者常乐”就是针对人的这一“劣根性”所说的。

人的欲望是没有止境的。人们为了追求更高的目标和享受，整日奔波忙碌、拼搏奋斗，这无可厚非，但是，社会和生活所能满足的欲望总是有限的。

在现实生活中，“足”是暂时的，而“不足”却是永恒的。如果一个人时时处处以“足”作为目标追求，那他得到的将是时时处处的“不足”；反之，如果一个人时时处处以“不足”对生活的事实予以理解和接纳，那么他对自己的感受反倒是时时处处是“足”的。

“足”和“不足”是对立的，但是，也是辩证的。知“不足”，所以，才知“足”；不知“不足”，所以，才不“知足”。“不足”，才可以“知足”；不“知足”，便总是“不足”。足不足是物性的，知不知则是人性的。以人性驾驭物性，便是知足；让物性牵制人性，就是不知足。足不足在于物，非人力所为；知不知在于人，非贫富贵贱所能左右。

1.俭朴者知足

“俭朴”自古以来就是中华民族的传统美德，俭朴的生活方式使一个人的内心感到充实。有恬淡修养的人，他在物质上永远感到满足。所以，俭朴者时时都感到快乐，处处都觉得幸福；反之，物欲愈多，人想要享受和占有的欲望就愈大，随之带来的痛苦就愈多、烦恼也就愈多。

2.惜福者知足

古人云：人生在福中要知福。人生福禄，都有定数。珍惜福分的人，福常有余。暴殄天物的人，福常不足。只有知道今天的生活来之不易，只有知道还有人比自己生活得更辛苦，也就是俗话说的“比上不足，比下有余”，就是一种难得的福分。只有这种心态，你才不会小看这一福分，也不会浪费这一福分，更不会养成奢靡的习惯。

3.平淡者知足

人生最大的烦恼不在自己拥有的太少，而在自己向往的太多。庄子云：“其嗜欲深者，其天机浅。”就是说一个人的欲望多了，就缺少智慧与灵性。所以，一个人要时刻节制贪欲，减少思虑，弃除烦躁，杜绝尘劳，省精保神，以平淡的心态对待生活的诱惑和干扰，让自己的灵魂安然于梦。但是，安守平淡，并不是不求进取，也不是无所作为、放弃追求，而是要以一种平淡的心态来对待人生。

人的一生如果对富贵看得淡，富贵就不可以动其心志；对名利看得淡，名利就不可动其心志；对生死看得淡，生死就不会动其心志……像这样的人生，就可以随运而行、因顺而往、随处而得、随遇而安、逍遥自在，时刻欢乐、时刻幸福！

学会独处，自己面对自己

我们须学会独处，独处是一种状态，自己要面对自己，不依赖别人，需坦然、需探索，需思想、需劳作，而这一切都是挑战自我的过程。

独处，是个体从繁杂的外部环境，从纷扰的人事中抽身而出，回归自我的情态；是个体凝视自己的内心，聆听自己的声音，寻求自己的心思、意念，袒露自己心迹的状态；是个体正视自我，不逃避、不急躁，平和地体验与理解自我的过程。

当个体独处时，视野中的人与物都会成为他心灵中的一道风景，上面刻着他的名字，他会温情柔软地与之对话，看它呈现，听它诉说，仿佛是人生一知己，有无尽的绵绵话语可以细细道来，有无穷的情谊可以絮絮叨叨。当个体独处时，他会倾听自我内心的声音，他会与自己对话。心底浮起的声音如同晨曦中的微光，虽力度不大，却丝丝入扣，紧贴自己的情感与思想。被这股柔软细致的声音光顾之后，个体将变得温柔、细腻，会想起以往沉睡的人和事，回忆起生活里的点滴细节。还会往深处回顾自己的经历，反思自己的经历，然后张开双臂，拥抱自己不远处的未来。独处至极，还会感悟着自己人生的过去、现在与未来。“我是谁？从哪里来？到哪儿去？”会以哲学的命题叩问自己的灵魂，让心灵尝试着回答，获得生命的信息。

一个经常独处的人，其内心必不贫乏。他对生活的感受与体验会多于不常独处者，独处中所累积的自我意识会在言语中释放，说话、写作均列其中。很多人话语贫瘠，文字苍白，多半与不会独处有关。独处的奥秘就在于让你直逼自我，以自我审视的方式认识自己、呈现自己。以独立、完整的个性融入大千世界、芸芸众生，你就不容易迷失自我，因为你拥有自我在先。

我们须学会独处，独处是一种状态，自己要面对自己，不依赖别人，需坦然、需探索，需思想、需劳作，而这一切都是挑战自我的过程。认识自我，清楚自我，这一切结果都只为超越自我、尊重自我、调整自我。独处是一种享受、一种境界、一种超脱，而这一切都决定人是否能够发现自己就是一个奇妙的世界，会为找到自己而激动万分。在独处中我们不企求指望别人来做我们的救世主，在独处中，我们将抛却欲望与羁绊。于是，我们强大，我们坚毅，我们成熟，我们岿然不动地获得了韧性与力量，再也不用害怕狂风的洗礼，暴雨的袭击。

人们往往把交往看作一种能力，却忽略了独处也是一种能力，并且在一定意义上是比交往更为重要的一种能力。反过来说，不擅交际固然是一种遗憾，不耐孤独也未尝不是一种很严重的缺陷。一个人不仅要学会在生活当中独处，还须要学会在个人情感上独处。只有独处，才能脱离依赖；只有独处，我们的依赖性才会越来越小。

孤独，一种绝美的心境

孤独的最高境界莫过于在孤独中创造。多一份孤独的快乐，少一份无为的浪费，让生命在具有创造精神的孤独中度过，让生命时光的每一分每一秒不至于虚度。

在人海浮沉之余，我们要为自己留一段空白，留一段云淡风轻的孤独。孤独是一种幸福，是一种享受，更是一种绝美的心境。

孤独是什么？有人说孤独是一种感觉，一种情绪。也有人说孤独是一种个性的浓缩，一种寂寞的悲哀，是一种欲盖弥彰的表现。但更确切的说法是孤独是一种心境。整天为世间的得失忙忙碌碌的人，根本不会体验到人生还会有一种东西叫孤独。沉湎于浮躁和焦虑中的人，是无法体会到孤独所拥有的那独特的滋味。只有平和而心静的人，才能体会到孤独是一种难得的心境。

孤独是一种乐趣，一种不同于与朋友谈笑的乐趣，一种无法向他人解释的乐趣。当你感到孤独的时候，你可以随心所欲，也不必顾虑他人的眼色。这份自在，足以令身心彻底放松，而感受这份自在，便是孤独的一大乐趣。

当孤独来临的时候，冲一杯浓浓的咖啡，顿时，扑鼻而来的醇香将你陶醉，静静地坐在沙发上，耳边响起 CD 机里传来轻柔的音乐。轻轻地闭上眼睛，将头懒懒地仰在沙发背上。思绪中，出现了那令人神往的传说中的香格里拉美丽的场景。此刻，我们真正地享受了这份宁静，生命此刻暂时停止了，忘记了忧愁与烦恼，忘记了名利与仕途，更忘记了耳边还飘荡着柔美的音乐。

看着夜色中的一切，借助城市璀璨的灯光反射进房间里的光亮，享受着这份宁静的孤独。打开封闭的窗户，使封闭的自己放飞发霉的积郁，任思绪敲打瘀血的关节，让生命流动着青春的气息，让漠然的心灵生出几许怀旧的温暖，点燃林林总总的情感。我们的社会需要这样一份宁静。不再为生活中的压力而烦恼，不再为日常生活的压抑而苦闷，寻找适合调整心情的方式，让心情在孤独中拥有一份独特的享受。

孤独更像一杯冰水，在凉爽与清冷之间放射出自己的纯洁，没有杂质，没有污染，是一种清净幽雅的美。当沉寂于孤独中的时候，没有了喧闹的杂乱，没有他人来打扰你的思绪，也不会因冲动而遗憾和后悔。沉寂在孤独中能让我们平和，让我们冷静，让我们思考，让我们稳重，让我们耐心，让我们有着一种超越世俗之感，让我们聆听心语，让我们感受这不易察觉的美。做自己喜欢做的事情，譬如轻吟一首诗，和文友共同抒发诗情画意，或欣赏一篇名人佳作，与小说中的人物共同经历悲悲喜喜，或聆听一些古典音乐，陶冶自己的情操，也可以实践探索，总结生活中的一点一滴，让自己有着超乎常人的稳重和耐心。

孤独的时间是珍贵的，孤独的方式是各种各样的，体会孤独就需要因人而异。快乐的孤独感觉是被动的，不会白白地送给你，需要你去争取去领悟。懂得领悟孤独的人就会体味到人生中独特的景致。

孤独的最高境界莫过于在孤独中创造。多一份孤独的快乐，少一份无为的浪费，让生命在具有创造精神的孤独中度过，让生命时光的每一分每一秒不至于虚度。在孤独中拥有了自己的一切，你会觉得你一点也不孤独，于是，你就会明白，能够真正拥有孤独的人是世界上最幸福的人。

有的人面对孤独常常表现得不知所措，本能地去求助友谊，梦想爱情，渴望自己的手被另一双手紧握，企盼灿烂的笑容充实荒漠的心田。其实人在孤独的时候，总是在怀旧中感受和品味曾经的生活，在这个时候，总是会想起曾经的故事，心情也就随之降到了冰点，悲伤的、挥不去的记忆就填满了心底，于是，悲哀着自己的悲哀，感伤的情怀就扩展开来，在这个时候找一个不受外界干扰的空间，只有自己面对自己。敞开内心深处的角落，于是，慢慢地去想，想一个结果。

孤独的人并不是不被别人接受和理解的，也不代表生活会落寞。孤独中的人可以寻找到最初想要的本真，可以感受自己的坚强信仰，也可以感受人生的悲喜与无奈，也可以知道怎样去切换生活的态度。让你的心灵在孤独小舟之中小憩，享受一回孤独，品味一次孤独。别害怕孤独淹没了你，因为孤独不是河，它是你的空间。你可以在那里找回很多久违了的感受，也可以在那里找到你心灵出发的新起点，找回你生命中最想要的东西。

孤独的乐趣并非人人都能享受。这能力是受之于先天或是靠后天习得。孤独能让一个人脆弱，也能让人坚强，它可以毁灭一个人，也可以造就一个人。有的人尽管天赋极高，才华横溢，却不能面对孤独的生活，因此，他只能在空虚中逐渐消沉，在寂寞中走向死亡。耐得住孤独的人大都胸怀大志、意志坚定，他们把孤独当作一种考验和挑战，顽强地与人生际遇抗争，默默地进行艰苦的创造性劳动，这样，终究是会有所建树的。

独处，人生的美好时刻

独处是灵魂生长的必要空间。在独处时，我们从烦琐的事务中抽出身来，这时候，我们独自面对自己，开始了与自己的心灵以及与宇宙中的神秘力量的对话。

世上没有一个人能够忍受绝对的孤独，但是，绝对不能忍受孤独的人却是一个灵魂空虚的人。世上正有这样的一些人，他们最怕的就是独处，让他们和自己待一会儿，对于他们来说简直是一种酷刑，只要闲了下来，他们就必须找个地方去消遣。他们的日子表面上过得十分热闹，实际上他们的内心极其空虚。他们所做的一切都是为了想方设法避免面对面看见自己。对此只能有一个解释，就是连他们自己也感觉到了自己的贫乏，和这样贫乏的自己待在一起是顶没有意思的，再无聊的消遣也比这有趣得多。这样做的结果是他们变得越来越贫乏，越来越失去了自我，因此形成了一个恶性循环。

独处也是一种能力，并非任何人、任何时候都可具备的。具备这种能力并不意味着不再感到寂寞，而在于安于寂寞并使之具有生产力。人在寂寞中有三种状态。一是惶惶不安，茫无头绪，百事无心，一心逃出寂寞；二是渐渐习惯于寂寞，安下心来，建立起生活的条理，用读书、写作或别的事务来驱逐寂寞；三是让寂寞本身成为一片诗意的土壤，一种创造的契机，诱发出关于存在、生命、自我的深邃思考和体验。

独处是人生中的美好时刻和美好体验，虽有些寂寞，但寂寞中却又有一种充实。独处是灵魂生长的必要空间，在独处时，我们从烦琐的事务中抽出身来，这时候，我们独自面对自己，开始了与自己的心灵以及与宇宙中的神秘力量的对话。一切严格意义上的灵魂生活都是在独处时展开的。和别人一起谈古说今、引经据典，那是闲聊和讨论，唯有自己沉浸于古往今来大师们的杰作之时，才会有真正的心灵感悟；和别人一起游山玩水，那只是旅游，唯有自己独自面对苍茫的群山和大海之时，才会真正感受到与大自然的沟通。

从心理学的观点看，人之所以需要独处，是为了进行内在的整合。所谓整合，就是把新的经验放到内在记忆中的某个恰当位置上。唯有经过这一整合的过程，外来的印象才能被自我所消化，自我也才能成为一个既独立又生长着的系统。所以，有无独处的能力，关系到一个人能否真正形成一个相对自足的内心世界，而这又会进而影响到他与外部世界的关系。

怎样判断一个人究竟有没有他的“自我”呢？有一个可靠的检验方法，就是看他能不能独处。当你自己一个人待着时，你是感到百无聊赖、难以忍受呢，还是感到一种宁静、充实和满足？

一个人对于独处的爱好和他的性格完全无关。爱好独处的人同样可能是一个性格活泼、喜欢朋友的人，只是无论他怎么乐于与别人交往，独处始终是他生活中的必需。在他看来，一种缺乏交往的生活当然是一种缺陷，那么，一种缺乏独处的生活则简直是一种灾难了。

心灵有家，生命才有路。学会和大自然独处，和生命独处，和自己独处。学会独处的人，心智才能够成熟；学会独处的人，心胸才能够豁达；学会独处的人，才能领悟到生活的深邃。人的内心是在独处中坚强起来的，只有学会把孤独的时刻安排得井井有条、津津有味，任何外界事物才难以左右你。独处让你更了解自己的需要，独处让你更清楚自己的价值，独处帮助你用旁观者的眼光看待自己的故事，独处让你更快乐、更加珍惜友谊，独处让你在安静中体味生活。在人生路上，很多时候是要一个人走的，有时是自愿，有时是无奈。但无论如何，学会独处都可以让你在最短的时间内找到生活的乐趣。

寂寞，是心灵的避难所

寂寞是一种难得的感受，只有在拥有寂寞时，你才能静下心来悉心梳理自己烦乱的思绪，只有在拥有寂寞时，你才能让自己成熟。不在寂寞中升华，就在寂寞中死去。

西方有位哲人在总结自己一生时说过这样的话：“在我整整75年的生命中，我没有过过四个星期以上真正的安宁日子。这一生是一块必须时常推上去又不断滚下来的岩石。”所以，追求宁静，或者是追求寂寞对许多人来说成了一个梦想。由此看来，寂寞并不是每个人都能享受的。

可是，现实生活中，许多人害怕寂寞，时时借热闹来躲避寂寞，麻痹自己。滚滚红尘中，已经很少有人能够固守一方清静，独享一分寂寞了。更多的人脚步匆匆，奔向人声鼎沸的地方，殊不知，热闹之后的寂寞更加寂寞。我辈如能在热闹中独饮那杯寂寞的清茶，也不失为人生的另类选择。但是，寂寞并不是每个人都会享受的。

寂寞是心灵的避难所，会给你足够的时间去舔舐伤口，重新以明朗的笑容直面人生。与命运进行抗争的人，才会有面对寂寞的勇气；在昔日拥有辉煌的人，才有不甘寂寞的感受。为了收获而不惜辛勤耕耘、流血流汗的人，才有资格和能力享受寂寞。

寂寞是一种难得的感受，只有在拥有寂寞时，你才能静下心来悉心梳理自己烦乱的思绪，只有在拥有寂寞时，你才能让自己成熟。不在寂寞中升华，就在寂寞中死去。

许多人把失意、伤感、无为、消极等与寂寞连在一起，认为将自己封闭起来就是寂寞，其实这是一种误解。倘使这样去生活，不仅限制生命的成长，还会与现实产生隔阂，这样的人只能逃避生活。而懂得了寂寞，便能从容地面对阳光，将自己化作一杯清茗，在轻啜深酌中渐渐明白，不是所有的生长都是成熟，不是所有的欢歌都是幸福，不是所有的故事都会真实，有时，平淡是穿越灿烂而抵达美丽的一种高度、一种境界。

当寂寞来临时，轻轻合上门窗，隔去外面喧嚣的世界，默默独坐灯下，平静地等待身体与心灵的一致，让自己从悲欢交集中净化思想。这样，被一度驱逐的宁静会重新回归。你静静地用自己的理解去解读人世间风起云涌的内容，思考人生历程中的痛苦和欢悦。当你真实地感受了人生的丰富与美好，生命的宏伟和阔大，让身心平直地立在生活的急流中，不因贪图而倾斜，不因喜乐而忘形，不因危难而逃避，你就读懂了寂寞，理解了寂寞。于是，寂寞不再是寂寞，寂寞成了一首诗、成了一道风景、成了一曲美妙的音乐。于是寂寞成了享受，使我们终于获得了人生的宁静。这是寂寞的净化，它让人感动，让人真实而又美丽。

寂寞是一种心境，氤氲出一种清幽与秀逸。冉冉上升的思绪逃离了城市的喧嚣，获得心灵的愉悦，获得理性的沉思，与潜藏于灵魂深层的思想交流，找到某种攀升的信念，去换取内心的宁静、博大致远的境界。

勇于尝试，寻求另一条生路，即使这条路是孤独的

人生有时候就像棒球比赛，每个人都可以是好的投手，球在你的手上，结果掌控在你的手上，只要你有坚韧的信心，胜利指日可待。

勇敢地尝试就是跨出成功的第一步。每一个人都有能力实现自己的理想。我们都生活在希望之中，一旦旧的希望实现了或破灭了，就应该让新希望的烈火熊熊燃起，如果一个人只是得过且过地混日子，心中没有任何希望，只能说明他的生命实际上已经终止了。我们必须要学会尝试，不能退缩。不去尝试怎能知道你不行呢？

在烈日下，一群饥渴的鳄鱼身陷于水源快要断绝的池塘中。面对这种情形，只有一只小鳄鱼起身离开了池塘，它尝试着去寻找适于生存的新的绿洲。池中之水越来越少，最强壮的鳄鱼开始不断地吞噬身边的同类，苟且幸存的鳄鱼看来是难逃被吞食的命运，然而却不见有鳄鱼离开。池塘似乎完全干涸了，唯一的大鳄鱼也耐不住饥渴而死去了。然而，那只勇敢的小鳄鱼呢，它经过多天的跋涉，幸运的它竟然没死在半途中，而是在干旱的大地上，找到了一处水草丰美的绿洲。

试想，如若不是小鳄鱼勇于尝试，寻求另一条生路，那它也难逃丧生池塘的厄运。而其他的鳄鱼，如果它们不安于现状，勇于尝试，那么它们又怎会落得身死干塘的可悲结局。由此可见，勇于尝试的精神多么重要！

综观古今，凡有成者，他们无不具有勇于尝试的精神。灯泡的发明者爱迪生为了找到一种合适的材料做灯丝，竟不屈不挠地进行了8000多次尝试。试验初期，他找了1600种耐热材料，反复试验了近2000次，结果发现只有白金较为合适，但白金比黄金还贵重些，这就是说实验失败了。面对这样的失败，一般的人肯定会选择放弃，然而他没有，而是继续尝试着从植物中发掘理想的灯丝材料，先后又尝试了6000多种植物。最后通过不断地尝试，爱迪生最终获得了巨大的成功，给人类带来了“光明”。

这“光明”之光，与其说是电之光，还不如说是勇于尝试的精神之光。其实，我们只要细细想想就会惊奇地发现，他所取得的1000多项成果中，全部都是不断尝试的结晶。“一次尝试，就有一次收获”，他的这句话正道出了他成功的秘诀。

还有研制出雷管的诺贝尔、发现了雷电规律的罗蒙诺索夫、第一次驾飞机飞上了天空的莱特兄弟……他们所取得的一个个惊人的成就，也都是尝试之花结出的硕果。写到这里，我在想：在崇拜伟大人物的同时，我们是不是更应该崇拜造就伟大人物的勇于尝试的精神呢？

每个人都必须要有好的心态和态度去面对生活。假如石头砸了你的脚，你会觉得真倒霉，好疼，假如换个方式想，我真幸运，幸亏不是砸到我的头。幸福快乐不仅需要努力创造，还有你对生活的态度。有时候，你的心态能决定你的成败。人活在世上，应该有与命运较量的勇气，有创造事业的雄心，不要怨天尤人，调整一下自己的心态。如果你被生活压得喘不过气来，不妨换个角度调整一下自己，找回自己的自信心。人生有时候就像棒球比赛，每个人都可以是好的投手，球在你的手上，结果掌控在你的手上，只要你有坚韧的信心，胜利指日可待。千万不要自暴自弃，态度决定成败，如果你连你自己这关都过不了，还能过哪个关口呢？

做个独立的人，最重要的是肯定自己

最重要的不是别人的肯定，而是自己对自己的肯定，只有自己肯定了自己，才会把自己的所有潜能都发挥出来。

刘墉先生由《尼采语录》及王国维的《人间词话》谈起，证明人生应该经过“骆驼、狮子与婴儿”三个阶段，进而谈到如何超越与生俱来的许多弱点，以及超越时间、空间的藩篱。最后则以许多生动的实例，谈到人生是一连串不断的超越，而且在这超越中要创造个人的风格，肯定自己是天地间不可或缺的存在。他认为，只有超越自己先天的条件、创造自己个人风格的人，才能够发挥生命最大的光亮、肯定自己的存在。生活中肯定自己的存在很重要，这样才能让你在人际交往中，不迷失自己，勇往直前。

刘墉先生说："要独立面对，独立做决定。独立代表你长大了，有了自己的私生活。靠自己去成功。""自私自利是不好的，但是'自思自立'、'自力自司'，不但好，而且必要。你是你，坚持做你自己，最后的成功一定属于你。""家庭教育应该是以帮助孩子进入社会、独立生活为目标的。""当有一天，她大了，要离开我，我会心疼，但不会不心安，因为我已经早早就把外面世界的门打开，让她看到好的，也见到坏的。"

可见，培养独立处理问题的能力，是一个社会人必备的能力之一。一般而言，独立是一个人进入职业生涯的第一步，这一步走不好，以后的道路可能就会更艰难。除了如何独立处理问题，如何独立打开工作局面的问题，它还包括如何独立搞好上下级关系和同事关系。徐特立说："任何人都应该有自尊心、自信心、独立性，不然就是奴才。但自尊不是轻人，自信不是自满，独立不是孤立。"

人如果认为自己一生下来就已被判死刑，固执地把自己放在最不利的位置，那么活着不过是让苦难缠绕，而活下去也不过是走形式一样，走到生命的终点罢了。这种想法，不但否定了自己，也否定了生命的存在价值。

在有限岁月里的体现和燃烧，真正地绽放和诠释生命是一种存在，是跟时代吻合的存在。尽管地球不因为我们的存在而转动，时光也不因我们的努力而回到从前。尽管世界是唯物的，但肯定自己又何尝夸大了人的主观能动性？它只是肯定生命，只是肯定生命的价值。

天空暗到一定程度，星星就会熠熠生辉。肯定自己，与华丽富有的生活无关，与清贫平淡的生活无关。肯定生命的价值不一定要轰轰烈烈地捐躯，不一定要分分秒秒地贡献。生命需要肯定，因为只有肯定了自己，生命才会有价值，人生才会焕发光彩。

要肯定自己，首先你必须学会不要靠别人的认同来肯定自己。改变自己在自己心中的印象，乐观积极地生活，这样你会快乐起来，也会自信起来，还有走路时要抬起头，在你心里你就必须认为你是很棒的一个人。

在这个世界上，我们每个人都有自己的价值。我们既然存在于这个世界上，就说明我们有一定的用处。工作中，我们不会永远是开心快乐的，也不会永远都是失败的。工作也不可能没有压力，但我们不能被压力压倒，我们要把这些压力化为工作的动力。在工作中最重要的是肯定自己，肯定自己的价值。我们既然选择了自己的工作，就应该全力以赴把它做好，我们也要相信自己有能力把它做好。最重要的不是别人的肯定，而是自己对自己的肯定，只有自己肯定了自己，才会把自己的所有潜能都发挥出来。特别是做销售行业的人，每天都可能面对客户的白眼，面对客户的拒绝，在这个时候请一定要坚持下去，只有自己肯定自己的工作能力，才能顺利闯过这一关。在工作中要肯定自己、相信自己、超越自己。要肯定当下的自己，你总有地方胜过别人。

即使独行，也要找份真挚的友谊

友谊是人们必需的，友谊是人们向往的，友谊是人们一生中不可缺少的。我们都渴望友谊，我们都珍视友谊。朋友是真诚的，朋友是真心的。

朋友是你前进中给你指明方向的人；朋友是为你解决困难的人；朋友是与你知心的人；朋友是关爱你的人；朋友是与你朝夕

相处的人；朋友是不会因为你存在着一些微不足道的缺点而到处乱讲的人。

朋友是金，朋友是银，朋友是阳光，朋友是月亮，朋友是星星，朋友是在你走向黑暗的时候为你点亮明灯的那个人。朋友是不会因为你现在处于困难时期而离你远去的人。朋友是不会因为你处在人生低谷的时刻而抛弃你的人。真正的朋友不会人云亦云，不会在你的伤口上再撒上一把盐。朋友不会因为你遇到困难而远离你，在这个时候，朋友会伸出援助的手来关心你、关怀你。真正的朋友不会见利忘义，不会对有用的人就阿谀奉承，对无用的人就一脚踢开。真正的朋友不会因为一点私利，就把朋友的情谊抛到一边。真正的朋友是会在你需要帮助的时候，不顾一切地对你呵护的人，他会是一直对你最忠诚的人，不会因为你暂时的不顺利而把你忘掉。真正的朋友是有道德的，在你有困难的时候，他不会对你施加任何的压力或对你施加让你喘不过气的做法。真正的朋友是理智的、有头脑的，他不会看到你此时不顺而袖手旁观。他会在背地里解劝你，他会私下里与你交流。真正的朋友可以为你两肋插刀，会对你百般呵护。

在与朋友交往上，不能千篇一律，你有你的方法，我有我的追求。结交朋友要靠诚心和真心，结交朋友要靠自己的为人，是真朋友不会在你有难处的时候离开你，那不是你真正的朋友，即使在你最困难的时候，离开了你，你也不必懊恼，因为你可以认清了什么是真正的朋友。在与朋友交往的问题上，要多结交朋友，在朋友最需要你的时候，你不要袖手旁观，不要远离朋友，这样的朋友才是真正的朋友。

友谊是人们必需的，友谊是人们向往的，友谊是人们一生中不可缺少的。我们都渴望友谊，我们都珍视友谊，朋友是真诚的，朋友是真心的。有朋友的人生是幸福的人生。心中明月清风，坐看风云变化。雄辩是银，沉默是金，人生离不开的是亲情、友情和爱情，即使独行，也要找份真挚的友谊来滋润自己。

我们每个人都是需要友谊滋润的，即使是一个热爱独行的人，在人生道路上也需要有份真挚的友谊。这份友谊，可以让独行的人不会感觉到孤单，可以让他们找到久违的温暖，为他们下一次的独行积聚力量。这样，独行的人才能在人生道路上走得更远、走得更好。

第六章

常怀感恩，喜乐无忧

感恩是一种生活哲学，是生活中的大智慧。感恩不纯粹是一种心理安慰，也不是对现实的逃避，更不是阿Q的精神胜利法。感恩，是一种歌唱生活的方式，它来自对生活的爱与希望。美好的世界只存在于感恩者的眼睛里。

时刻怀有感恩之心

感恩不仅仅是为了报恩，因为有些恩泽是我们无法回报的，有些恩情更不是等量回报就能一笔还清的，唯有用纯真的心灵去感动、去铭记，才能真正对得起给你恩惠的人！

感恩是一种生活哲学，也是一种大智慧。一个智慧的人，不应该为自己没有的而斤斤计较，也不应该一味索取和使自己的私欲膨胀。每天怀有感恩之心，常说“谢谢”，不仅会使自己有积极的想法，也会使别人感到快乐。在别人需要帮助时，伸出援助之手；而当别人帮助自己时，以真诚的微笑表达感谢；当你悲伤时，有人会抽出时间来安慰你，这些小小的细节都是有一颗感恩的心的体现。

一次，美国总统罗斯福家失盗，被偷去了许多东西，一位朋友闻讯后，忙写信安慰他，劝他不必太在意。罗斯福给朋友写了一封回信：“亲爱的朋友，谢谢你来信安慰我，我现在很平安。感谢上帝：因为第一，贼偷去的是我的东西，而没有伤害我的生命；第二，贼只偷去我部分东西，而不是全部；第三，最值得庆幸的是，做贼的是他，而不是我。”

对任何一个人来说，失盗绝对是不幸的事，而罗斯福却找出了感恩的三条理由。

在现实生活中，我们经常可以见到一些不停埋怨的人，“真不幸，今天的天气怎么这样不好”、“今天真倒霉，被老师骂了一顿”、“真惨啊，丢了钱包，自行车又坏了”、“唉，宿舍的阿姨真烦人”……这个世界对他们来说，永远没有快乐的事情，高兴的事被抛在了脑后，不顺心的事却总挂在嘴边。每时每刻，他们都有许多不开心的事，把自己搞得很烦躁，也把别人搞得很不安。

其实，上面所抱怨的是日常生活中经常发生的一些小事情，只是明智的人会一笑置之，因为有些事情是不可避免的，有些事情是无力改变的，有些事情是无法预测的。能补救的则需要尽力去挽回，无法转变的只能坦然受之，最重要的是，学会感恩，时刻怀有一颗感恩的心，做好目前应该做的事情。

感恩是一个人与生俱来的本性，是一个人不可磨灭的良知，也是现代社会成功人士健康性格的表现。一个连感恩都不知晓的人，心灵必定是冷酷绝情的，也绝对不会成为一个对社会做出贡献的人。感恩，是一种对恩惠心存感激的表示，是不忘他人恩情的人萦绕心间的情感。学会感恩，是为了擦亮蒙尘的心灵而不致麻木；学会感恩，是为了将无以为报的点滴付出永铭于心。譬如感恩于为我们的成长付出毕生心血的双亲，感恩于辛勤教育我们的老师，感恩于耐心照顾我们生活的阿姨……

感恩不仅仅是为了报恩，因为有些恩泽是我们无法回报的，有些恩情更不是等量回报就能一笔还清的，唯有用纯真的心灵去感动、去铭记，才能真正对得起给你恩惠的人！

感恩是一种生活哲学，是生活中的大智慧。人生在世，不可能一帆风顺，种种失败、无奈都需要我们勇敢地面对、豁达地处理。这时，是一味地埋怨生活，从此变得消沉、萎靡不振，还是对生活满怀感恩，跌倒了再爬起来？英国作家萨克雷说：“生活就是一面镜子，你笑，它也笑；你哭，它也哭。”感恩不纯粹是一种心理安慰，也不是对现实的逃避，更不是阿 Q 的精神胜利法。感恩，是一种歌唱生活的方式，它来自对生活的爱与希望。美好的世界只存在于感恩者的眼睛里。

常做报恩之事，常有施恩之德

懂得感恩的人，才是真正成熟的人；懂得感恩的人，才是内心充满爱的人；懂得感恩的人，才是令人敬佩和尊敬的人。

中华民族自古以来就有知恩图报的优良传统。“羊跪乳，鸦反哺”。感恩是一种和谐的反哺文化，每个人学会了感恩，人与自然之间、人与人之间、人与社会之间会更加和谐、更加亲切。感恩意味着一种责任。感恩，说明一个人对自己与他人和社会的关系有着正确的认识。报恩，则是在这种正确认识之下产生的一种责任感。没有社会成员的感恩和报恩，很难想象一个社会能够正常发展下去。

在感恩的氛围中，人们对许多事情都可以平心静气。在感恩的氛围中，人们可以认真、务实地从最细小的一件事做起；在感恩的氛围中，人们自发地真正做到严于律己、宽以待人；在感恩的氛围中，人们正视错误，互相帮助；在感恩的氛围中，人们将不会感到自己孤独。

懂得感恩的人，才是真正成熟的人；懂得感恩的人，才是内心充满爱的人；懂得感恩的人，才是令人敬佩和尊敬的人。感恩，不仅是一种礼仪，更是一种健康的心态，能折射出社会文明的程度。让我们每个人都常怀一颗感恩之心，常做报恩之事，常有施恩之德！

人的一生中，小而言之，从小时候起，就领受了父母的养育之恩；等到上学，有老师的教育之恩；工作以后，又有领导、同事的关怀、帮助之恩；年纪大了之后，又不免要接受晚辈的赡养、照顾之恩。大而言之，作为单个的社会成员，我们都生活在一个多层次的社会大环境之中，都首先从这个大环境里获得了一定的生存条件和发展机会，也就是说，社会这个大环境是有恩于我们每个人的。

“感恩”是一种生活态度，是一种品德，是一片肺腑之言。如果人与人之间缺乏感恩之心，必然会导致人际关系的冷淡，所以，每个人都应该学会“感恩”，这对于现在的孩子来说尤其重要。因为，现在的孩子都是家庭的中心，他们有的只知爱自己，不知爱别人，所以，要让他们学会“感恩”，其实就是让他们学会懂得尊重他人。对他人的帮助时时怀有感激之心，感恩教育让孩子知道每个人都在享受着别人通过付出给自己带来的快乐的生活。当孩子们感谢他人的善行时，第一反应常常是今后自己也应该这样做，这就给孩子一种行为上的暗示，让他们从小知道爱别人、帮助别人。

人有感恩之心，才能知道亲人、社会、组织和他人对自己的好，才能产生替别人、替社会、替组织着想的潜意识和自觉性，也才能增强回报他人、回报组织、回报社会的责任感和使命感！

人有感恩之心，才能宽仁厚德、心地善良，才能做一个高尚的人、纯粹的人、脱离了低级趣味的人，有益于社会和人民的人！

人有感恩之心，才能胸襟开阔，有容人之雅量，才能真诚坦荡，做知心之朋友，才能克己自律，珍惜所拥有的一切！

人有感恩之心，才能团结人，凝聚人，才能产生亲和力，影响力，才能有高尚的人格魅力。

因为感恩可以消解内心所有积怨，可以涤荡世间一切尘埃。感恩是一种做人的原则，是一种生活的哲学，更是一种生活的智慧。懂得了感恩，学会了感恩，每个人都会拥有无限的快乐和一生的幸福。

相信自己，也要相信别人

“金无足赤，人无完人”，谁都不能夸口自己是完美的，这是亘古不变的真理。但同时，也没有人一无是处，因此我们要相信自己，也相信别人。

在生活中，你是否提出过这样的疑问：我该相信谁的话呢？又是否问过自己：是相信别人重要，还是相信自己重要呢？实际上，相信别人与相信自己同样重要。我们既不能固执、自傲，也不能懦弱、毫无主见。因此，我们既要相信自己，又要听取别人的意见。

相信自己对一个人的成功有重要作用。有的人对父母言听计从，父母要他学什么，他就学什么，自己毫无主见。这样的人生下来难道是为父母而活的吗？外面的世界很精彩，你不可能永远生活在父母的保护下，总有一天你要离开父母，走上社会；总有一天你的父母会去世，他们就无法再告诉你该如何去做，所以你必须相信自己，把自己投入到社会中去锻炼、去摸索。只有这样，你才能在社会中体现真正的自我，才能做一个对社会有用的人。如果缺乏自信，你就无法体味人生的真谛，总认为自己不如别人，那么在竞争激烈的今天，你就必然被社会所淘汰，成为一个无用之人。因此，我们应当拥有自信，相信自己：“我是最棒的。”

但是仅仅是相信自己，还是不够的，我们还应当相信别人，多听取别人的意见。人生之路如此漫长，没有谁能保证自己完美无缺、不犯错误。人总会遇到一些小挫折、小坎坷，但只要及时发现并改正，那你就可以做到尽量完美。这个时候，光靠自信是远远不够的，这时必须多听取别人的意见，汲取别人的经验教训，这样就能及时克服重重困难。

相信别人是一种良好的品质。如果老是怀疑自己身边的人，他可能怎么了，他又怎样了，这样也就得不到别人的信任。只有给别人良好的信任，你才会成功。你如果托付别人做一件事情，今天怀疑他故意拖延时间，明天又怀疑他故意没办好，这样，自己不得安宁，别人也不开心。

有人说："当局者迷，旁观者清。"于是相信别人，让别人决定自己。有人说："只有自己才最了解自己。"于是闭目塞听，在错误的泥潭中越陷越深。相信自己与听取别人意见看似是不可统一的矛盾双方，但二者却有统一的一面，它们正如我们的左臂与右臂，缺一不可。在竞争激烈的今天，我们既要相信自己，又要相信别人。

相信自己，是对自己的充分肯定，是对自己能力的赞同。一个连自己都不相信的人，又能相信谁呢？当自己有着清醒理智的认识时，就应当"走自己的路，让别人去说吧"。

然而，凡事都有限度，"过犹不及"。我们在相信自己时，也要相信别人。这是由事物的多变性与自我局限性决定的。很多时候，我们的目光被禁锢在一个狭小的范围内，"鼠目寸光"而又"自以为是"。这时别人多角度的观察、评价更具客观真实性，我们要相信别人。

"金无足赤，人无完人"，谁都不能夸口自己是完美的，这是亘古不变的真理。但同时，也没有人一无是处，因此我们要相信自己，也相信别人。在"胸有成竹"时相信自己，在"迷茫惘然”时相信别人，让二者相互配合，相互补充，你会拥有精彩的人生。

善待别人，也是在善待自己

人与人之间是相互的，你想别人怎样对你，你就应该怎样对别人；同样，你不想别人怎样对你，那么，你也就不要怎样去对别人。

我们总想着得到的更多，却从未想过，不付出哪有收获？其实，仅仅是一些小小的情感付出而已，于我们而言，根本就是轻而易举的事情，为何就那么吝啬，不屑于去做？不管你在人生的舞台上多成功、多有能力，只要是人，就总会有求人的时候。闭门羹我们都“吃”得不少，你把你的大门对别人关上，当有一天你需要别人帮助时，别人的大门也会对你关上。不要责怪别人，先检讨一下自己，你有善待过别人吗？

一个在外打工，好几年才回家一次的男孩，当他深夜坐车回到家乡路口，路见一陌生男子被车撞倒在地，肇事司机早已逃走。急于回家的愿望让他正想离开，忽转念一想，陌生男子的家人是不是也会像自己父母那样在等待他的归家？于是他把那人送到了医院，那人因此得救。后来得知，那人竟是他未曾见过面的亲哥哥。幸亏他当时没有袖手旁观，否则到最后于他将会是一生一世的悔恨和内疚。

由此可见，你善待了别人，生活也会善待你。你无意中做了一点点的善事，有时往往可以让你得到意想不到的甚至是十倍、百倍于你付出的收获，这也正验证了“滴水之恩，当涌泉相报”

的道理。人与人之间是相互的，你想别人怎样对你，你就应该怎样对别人；同样，你不想别人怎样对你，那么，你也就不要怎样去对别人。“己所不欲，勿施于人，以责人之心责己，以待己之心待人”。如果我们每一个人都可以这么想、这么做，人与人之间的相处就简单、容易得多。

你尊重别人，别人就会尊重你；你重视别人，别人就会重视你；你礼貌对待别人，别人就会礼貌待你；你热情对待别人，别人就会热情待你。这与身份地位等外界因素丝毫无关。

从别人身上可以找寻到自己的影子，让你更清楚地看到自己的不足并改正和完善。当你身上的某些缺点在别人那里也存在时，你是用怎样的眼光看别人，就会知道别人也是用怎样的眼光看你。你会知道你在别人心目中占什么分量，是受欢迎还是不受欢迎，而且也可以让你对于别人不经意间的犯错抱一种理解与宽容的态度。

从别人身上也可以映衬你自己的为人，让你看清楚自己属于哪一类人。看看你身边的人，是好人居多还是坏人居多？如果你认为是坏人居多，可见你不见得会是一个多好的人，有言道“臭味相投”，说的就是这个道理。如果你认为是好人居多，可见你也不见得会是一个多坏的人。清者与浊者总是难以混在一起，黑白分明总有它的界线。人们不常说“物以类聚，人以群分”？说的就是这个道理。由此可以反映出一个人的生活圈子、周围的人群、人际关系等处于哪一个层次位置。就如古时候常会有人拿“上流社会”、“中下层社会”来划分等级关系一样，说的就是怎么样的人和怎么样的人才能和平共处。你要说把警察和罪犯放在一起生活，有无可能？肯定不行，因为彼此间的身份不同，会发生冲突，人与人间的相处也无非如此。

善待别人，其实就是善待自己，你想别人怎么对你，你就怎么对别人。让这爱长存人间，让世界到处都充满爱的温情。曾经帮助过你的人们，你可曾还记在心上，满怀感激与祝福？人生长途中一路走来，有多少默默的目光在背后关注着我们，有多少双期待的眼神在看着我们。这些你都记住了吗？收藏起来了吗？我们活在这世界上都是匆匆一过客，如沧海一粟，微不足道。永远也不要想着让别人来记住你，但是我们要记住别人，把那份爱珍藏在心底，直到天荒地老，海枯石烂。

怀着一颗感恩之心好好生活

上天赐给人的生命是短暂的，也是珍贵的。决定幸福的是心情，有个好的心情，才能创造出有意义的人生和丰富多彩的生活，也不枉来人世间走一回。

世间最珍贵的不是“得不到”和“已失去”，而是现在能把握的幸福。珍惜现在拥有的一切！是现在，不是过去，也不是将来。只有把握好现在，才能拥有无悔的过去和有方向的未来。我们要珍惜现在拥有的一切，贫也好、富也好，悲也好、乐也好，我们都怀着一颗感恩的心，好好生活，珍惜现在拥有的一切。

人生没有彩排，每天都是现场直播。珍惜现在拥有的一切，享受人间的美好生活。如果说，你曾经在生死线上挣扎过，你必将对生命有了新的审视和认识。你无法预知自己的未来，也不确定明天会怎样，那么你必会将此刻生命中所拥有的一切珍贵收藏，此时生命的意义会让你知道：请珍惜现在拥有的一切！

人生有悲欢苦乐、离合聚散，变化无常，我们要把握住人生，积极进取。要珍惜你现在所拥有的事物，不要被心中的贪念所迷惑。那种因为贪念而放弃现在所拥有的事物的人，其实是最愚蠢的。

上天赐给人的生命是短暂的，也是珍贵的。决定幸福的是心情，有个好的心情，才能创造出有意义的人生和丰富多彩的生活，也不枉来人世间走一回。有些事，一转身就是一辈子。有些人一直没机会见，等有机会见了，却又犹豫了，相见不如怀念。有些话埋藏在心中好久，没机会说，等有机会说，却说不出来。有些爱一直没机会去爱，等有机会了，已经不爱了。有些爱给了你很多机会，却不在意、没在乎，想珍惜的时候已经没机会了。也许你很幸福，因为找到了你爱的人。也许你不幸福，因为可能你这一生就只有那个人真正用心在你身上。不管结果如何，我们已不是同路人，但我还是把那份爱珍藏在心底，默默祝福你。

尽管古人也有“谁道人生无再少，门前流水尚能西！休将白发唱黄鸡”的感慨，但毕竟人老力衰、精力不济，即使再去努力，也没有年轻时的效率高了。现在有人说：“人不是要活到老，学到老吗？时间长着呢，也不在眼下的一时一刻。”我们不否认人在任何时候都可以学习，可我们为什么要把我们的青春白白浪费掉。我们现在应抓住每一分、每一秒时光，以免到满头银发的时候，发现自己已青春不再，猛然惊醒，追悔莫及，后悔自己白白浪费了自己的生命，一生碌碌无为。而再想回到青春年少的时光，从头再来，你还能做得到吗？当你双手颤抖拿不动笔的时候，当你老眼昏花看不清东西的时候，当你耳朵听不到声音的时候，你还能像现在这样活力四射、不知疲倦吗？到时徒唱“黑发不知勤学早，白首方悔读书迟”还有什么意义。

你可能喜爱你从事的这份工作，也可能不喜爱这份工作。但你能够得到这份工作，就应该珍惜这份工作。不管是喜欢你所做的工作，还是不喜欢你所做的工作，核心是工作，你可以不在乎这份工作，可能凭借你的能力会找到更加适合的工作，但只要你现在还在做这份工作，就要珍惜这份工作，因为这不仅是谋生的手段，更是展示你才华、放飞你理想的地方。

生活中可能存在许多的不如意，你可以不去在乎这些，但你必须珍惜这些不如意，因为它们让你的生活更精彩。一位心理学家说："对待不如意你千万不能生气，更不能赌气，最好的对待办法就是要争气。"珍惜这些不如意，从中得到争气的鼓励，然后更加好好地生活。

荣誉和误解，也是我们在工作和生活中经常遇到的问题。不必在乎这些荣誉和误解，它们毕竟实实在在存在着。你在乎，它存在，你不在乎，它依然存在。存在就有它存在的道理。我们应该珍惜荣誉，它是对我们过去的一种肯定。我们更应该珍惜误解，从别人的误解中找出自己的不足，使我们的头脑更为清醒。

无论如何，我们可以不必在乎周围的一切，但是我们必须珍惜现在拥有的一切，好的、不好的，令人欢喜的、令人忧愁的都要珍惜。

在残缺的生活中品味快乐

当我们走出生活的阴霾，用乐观的心重新打量这个世界的时候，我们就会发现，原来不是生活不美好，而是我们一直在抱怨中扭曲了生活。

生活中充满了不如意，我们习惯了抱怨。我们常说或听到"某某的工作好轻松"、"某某某怎么那么走运"等，这些人抱怨命运的不公，抱怨生不逢时，抱怨造化弄人。在抱怨中，我们却对自己拥有的幸福熟视无睹、不懂珍惜，单纯地放大缺憾；在抱怨中，我们患得患失、斤斤计较，把感恩的心越抛越远。

大多数人都会觉得抱怨是很好的发泄工具，可以在受到挫折或面临困难的时候放松自己的心情，然而往往忽略了这种情绪对自己的严重影响。当然，我们都不是圣人，不抱怨是不可能的，我们能做到的是少抱怨。过多抱怨会让我们对工作丧失起码的责任心。提及抱怨与责任，有位企业领导者一针见血地指出："抱怨是失败的一个借口，是逃避责任的理由。这样的人没有胸怀，很难担当大任。"

在工作中，有时候，我们是可怜的"受气包"和无奈的"变形金刚"，忍无可忍也必须容忍，改变自身以求容身。正如法国思想家卢梭所言："忍耐是痛苦的，但它的果实是甜蜜的。"

一个秀才进京赶考，他梦到自己在墙上种白菜，算命的解梦说："高墙上种菜那不是白费劲吗？"劝他还是回家算了，秀才听后心灰意冷。后来，有位店老板听到秀才的梦后乐了："墙上种菜不是高种（中）吗？"秀才于是振奋精神参加考试，居然中了个探花。同样，杯子里只有半杯水了，一个人看见会说："哎，只有半杯水了。"而另外一个人则说："啊，还有半杯水呢！"其实，事物都有其两面性，问题就在于当事者怎样去看待它们。这就是对待事物的不同的心态，前者是抱怨而悲观的，而后者则是感恩而乐观的。

是的，一个人面对失败所持的心态往往决定他一生的命运。积极的心态有助于人们克服困难，使人看到希望，保持进取的旺盛斗志。消极的心态使人沮丧、失望，对生活和人生充满了抱怨，自我封闭，限制和扼杀自己的潜能。

不要抱怨玫瑰有刺，要为荆棘中有玫瑰感恩。没有一项工作是完美的，也没有一项工作会让一个人完全满意。我们做不到从不抱怨，但我们应该让自己少一些抱怨而多一些积极的心态去努力进取。

不可否认，人生的确有不少磨难。生活的五味瓶里，除了甜，再没有什么其他的是人们向往的了，可酸甜苦辣又是生活中不可或缺的，它们能够丰富我们的人生。人生需要苦难的洗礼，正是因为那些折磨，我们才能在挫折中找到自己的不足，才能逐渐完善自己。

眼前的困难，不会成为你一辈子的障碍，所以，即使面临困境，也不要因此悲观而落泪，坚持一下，总会遇到晴天。生命，是苦难与幸福的轮回。只要我们在逆境中也能坚守自己，再苦也能笑一笑，再委屈的事情，也能用博大的胸怀容纳，那么，人生就没有过不去的坎儿。

当我们走出生活的阴霾，用乐观的心重新打量这个世界的时候，我们就会发现，原来不是生活不美好，而是我们一直在抱怨中扭曲了生活。我们应该学会感恩，学会与人分享，学会在残缺中品味快乐，在逆境中感受幸福。

其实，每个人都向往一个公平、公正的世界，但每个人的出身、社会背景、能力各有不同。即使国家搭建了一个公平、公正的平台，在生活中，歧视也会无处不在。靠抱怨不可能获得别人的认可与尊重，面对挫折、不公，与其抱怨，不如感恩，感谢这些困境，然后发愤图强，总会有所成就。

第七章

家是心灵的港湾，不是永恒的战场

家庭是心灵的港湾，是我们可以放松、可以随意表露自我、可以获得温暖的地方。在家里，我们总是毫无顾忌地把自己最本真的一面表露出来，总是不想掩饰自己的情绪，总是渴望能得到家人的谅解和照顾。在家里，我们都想做个孩子。家庭是心灵的港湾，不是永恒的战场。

好身体，坏记忆，家庭幸福的前提

家家都有一本难念的经，说起来不过是微不足道的“不顺心”，如果一点点地累积起来就会掀起“大风暴”。因此，一些事该忘记的时候要忘记，过去的就让它过去。

一个幸福家庭是什么样的？儿孙满堂、钱财满贯、合家欢乐、大富大贵、父慈妻贤子孝……人们对于幸福家庭的追求是永无止境的，好了还想更好。似乎总有一个十全十美的目标树立在那。如果让你在众多对于家庭幸福的定义中只选择一种，你会选什么？金钱、权势、地位？恐怕大多数的人会选择健康。也许没有舒适、华丽的房子，也许没有权势在握的父母和有出息的孩子，也许没有高贵的门第，也许没有手足情深的亲戚，也许只是千千万万平凡家庭的一个，努力地维持着温饱生活。可是，只要家人是健康的，那么你就有了走向幸福的基础。“健康是福”！只有全家人健康，才有走向辉煌的明天的可能性。健康的体魄，是家庭崛起的起点，是一切可能性的开始。如果没有健康，纵然钱财满屋、权势冲天，又能怎样？无福消受罢了。虚弱的身体、病痛的折磨会让你的心冰冷，提不起劲儿往前走。“家有病人”也是家庭的大不幸，费钱、费力不说，整个家庭的重心都会放在照顾病人身上，整天担心，百般忙碌，甚至要放弃一部分的工作来照顾病人。好的身体，是家庭幸福的前提，是迈向幸福、快乐的起跑线。

光有好的身体还不行，家庭和谐还要有坏的记忆力。鸡毛蒜皮的小事不要放在心上，耿耿于怀是颗定时炸弹。

一对年轻的夫妻，刚结婚没多久。两个人都是大学毕业生，工作也不错，但都是一般家庭出身，所以每月都要还大笔的房贷。结婚后，丈夫更用心工作了，常常工作回来很晚，周末也会在家里加班。新婚夫妇自然是恩爱的，但是妻子明显感觉到丈夫没有以前那么对自己上心了。妻子这样对女友发牢骚："果然，女人是一娶到家就掉价儿的。"女友就劝她说："男人不像女人，既要养家，又要有事业，他需要有自己的天地。"妻子这么想，气也就消了，只是偶尔发发牢骚。两个人第一次的结婚纪念日过得很浪漫，好像又回到了大学校园里谈恋爱的时候。日子就这样慢慢地过着。丈夫越来越忙，除了加班，还有各种难以推脱的约会。但不管多晚，妻子还是在家等他回来。两个人彼此倾诉工作上的不顺心和同事之间的小隔阂，感觉轻松和温暖。第二次结婚纪念日，两个人是分开过的，因为丈夫出差去了，妻子嘴上说理解，心里却并不好受。这次出差可以换成其他人，是丈夫为了表现而硬争取过来的。明知道是重要日子，干吗还要去抢着出差。这样的事情越来越多，妻子的生日、情人节，甚至春节回娘家，丈夫也缺席了。妻子跟丈夫理论当初的约定、誓言什么的，丈夫听得很不耐烦，说女人就是见识短，不懂得体贴。两个人越来越感觉到对方的"变化"。丈夫出门的时候没有道别，不再主动刷碗，不再在意她的衣着……丈夫感到妻子越来越挑剔，总是在小事上找茬……在第三个结婚纪念日，两个人面对面地开始"谈判"了。妻子列出了丈夫的种种过失，长长的一个单子。出乎意料的是，丈夫也列了一个长长的单子，是关于妻子如何挑剔的。

两个人交换来读，太长了，读着读着，两个人竟笑起来了。牙刷没有摆好、牙膏不是从下往上挤、拿她的母亲开玩笑、在聚会时总是瞟美女的大腿、没有按照约定去会见她的女友、在她生病的时候去和朋友打球……在丈夫列的单子上，同样有这样的“小细节”：总是看无聊的肥皂剧、没有为他的母亲准备生日礼物、不让他吃辣的食物、总是挑剔他的发型、在他的朋友面前表现得太小气、总是动不动就发脾气、做饭总是做得太淡……而这些在结婚以前，都是彼此知道的。那么，到底是哪里出问题了呢？也许不该太过于计较。

家庭是心灵的港湾，是我们可以放松、可以随意表露自我、可以获得温暖的地方。在家里，我们总是毫无顾忌地把自己最本真的一面表露出来，总是不想掩饰自己的情绪，总是渴望能得到家人的谅解和照顾。在家里，我们都想做个孩子。家庭是心灵的港湾，不是永恒的战场。家家都有一本难念的经，说起来不过是微不足道的“不顺心”，如果一点点地累积起来就会掀起“大风暴”。因此，一些事该忘记的时候要忘记，过去的就让它过去。想靠客观的分析和评判治理好一个家庭，是不可能的。弄清楚谁对谁错没有丝毫价值，好的家庭要有坏的记忆力。

婚姻，不是一个人独舞

爱情、婚姻就像是踢踏舞，要慢慢练习才能做到步调一致，如果只是一个人的独舞，也就失去了意义。

没有一百分的另一半，只有五十分的两个人。两个人能相遇、相知，最后走在一起是一个很艰难的过程。可是在一起后，又往往会发现一切都跟当初预想的不一样。当爱情中最初的梦幻和激情褪去之后，他不再是她的白马王子，她也不再是他的白雪公主，而是明明白白、清清楚楚的一个男人和一个女人。他有自己的性格和生活方式，她也有自己的原则和人生态度，所有的这些都是独特的却并不是最完美的。两个人在一起，不是谁战胜谁，而是互相扶持、彼此关爱。当你埋怨对方没有替你着想的时候，先要看看自己是否配合了对方的步伐。爱情、婚姻就像是踢踏舞，要慢慢练习才能做到步调一致，如果只是一个人的独舞，也就失去了意义。

尽管我们曾经在寻找的时候注意选择和自己脾性相合、生活方式相近的人，但是有些时候要深入接触后才能了解。如果你想寻找到十全十美的另一半，还不如枕着黄粱做美梦。没有完全相同的两个人，也没有完全相同的两种生活习惯，摩擦是必然的。张爱玲说："生命是一袭华美的袍子，上面爬满了虱子。"其实，我们的爱情、婚姻何尝不是如此。相爱的最初是不能感受到袍子上的虱子的，只有将袍子穿在身上了，才感觉到虱子每时每刻贴着自己的躯体在蠕动，让自己惊怵和害怕。没有袍子的人对购买袍子乐此不疲，有了袍子的人却百般难忍。如果你只看到了袍子上的虱子，而忘记了它带给你的温暖，并把这种虱子的产生归因于对方，那么你将很难从厌恶感中逃脱出来。与其抱怨、发牢骚，不如静下心来想一想，是自己要求太多还是对方做得不够？是自己的强求还是对方的敷衍？

我们常常会抱怨、责备另一半为什么不能做得再好些，其实没有完美的人。我们自己本身就不够完美，又怎么能去苛责别人呢？两个人在一起，不是为了谁去拯救谁，而是相互扶持、不断地自我完善，两个人更好地生活。在生活中多一些宽容、多一分理解，就能海阔天空。有些事情不要太过于苛求完美，因为往往太苛求完美，幸福就会离你越来越远。

珍惜身边的每一份真情

能有一个人关心过、牵挂过、喜欢过、欣赏过就是幸运的，也是快乐的，它让你知道，在人生的旅途中你不是寂寞的、孤独的、无助的。

世间任何生灵之间仿佛都有着早已注定了的缘分，什么时候相遇、什么时候离别、什么时候重逢，冥冥之中早有安排，并且这种安排是不由人力所能随意改变的。当缘分来临的时候，你的内心可能充满着希望、感动，感谢上天赐予了你这样的一个伙伴，能与他共度一生是你最大的梦想。然而天下无不散之宴席，谁也不能与你终老，缘分必将离去……在你的伙伴以及那与他共度一生的梦想逝去的一刹那，你的内心必将充满惶恐。空虚、无助、痛苦将妄图摧毁你那颗脆弱的心，因为你的记忆中充满了对他的回忆，点点滴滴的往事将久久萦绕于你的脑海之中。这就决定了我们要学会珍惜身边的每一份真情，因为每一份真情都是珍贵的缘分。

感情是属于意识范畴的一个信念，在人与人的交流里它会突然地出现，有情才有感，有感才丰富了你的情。人生中因为能与不同的人相遇、相识，而使生活变得多姿多彩。当尘封已久的羞涩心灵开启时，会让你的感情丰富起来。情感一点一滴的滋润与回报，内心一丝一缕的清白与坦诚，灵魂一寸一分的纯净与善良，这些都是感觉给你带来的真情感受。我们只要学会珍惜和欣赏就够了。人有千百种，树有千万种，我们不能都拥有，只要我们能够欣赏，就能学会珍藏一份情。

能有一个人关心过、牵挂过、喜欢过、欣赏过就是幸运的，也是快乐的，它让你知道，在人生的旅途中你不是寂寞的、孤独的、无助的。这份情会让你在以后的日子有了更多的幸福和自信，会把那份心动永远埋藏在心里，学会用含泪的微笑为对方祝福。

有一个女孩，她的母亲在世时，每天都要给她打几个电话，叮嘱她，“下雨了，带把伞”，“天冷了，加件衣服”，“多吃点饭，别光想减肥”……她不胜其烦，每一次接电话，都会嚷嚷：“妈，我又不是三岁的孩子。”后来，她的母亲去世了。有一天下雨时，忘带雨伞的她走在雨中，一下子想起了母亲，她的眼泪流了下来。那一刻她终于明白，世上最爱她的人已经去了。在母亲活着的时候，她不曾珍惜。

有一位男士，与妻子的关系一直比较紧张。他烦她事事管着他：不许抽烟、不许喝酒、不许打麻将……他终于离她而去，尽情享受自由的生活。但好景不长，没过多久，他就因醉酒住进了医院。独自躺在医院的病床上，他心里想起以前生病的时候常常能喝到一杯妻子熬好的红糖姜茶……他终于明白，前妻的爱，就像夏日的阳光，热辣辣的，让他想要躲开。而在失去后，他不知道自己该拿什么来熬过人生漫长的寒冬……

在这个世界上，谁都不会错失真正的太阳，毕竟，无论阴霾如何肆虐，太阳总会重新出现。可那些如同阳光一般平凡而宝贵的情感，一旦失去，就再也不会回来了。

人世间最宝贵的东西莫过于真情，最美的莫过于缘分，而且两者也同样都是可遇而不可求的，它们会在你毫无准备的不经意间与你邂逅。相反，它们也会在你的犹豫与抉择间同你擦肩而过，走得竟是那样匆忙，如风般无痕、如光般划过，让你后悔莫及。现实生活中，有许多的人或事即是如此，当你信心满满地认为明天依旧可以有机会去面对它们的时候，它们却在你回头的一瞬间因你曾经的优柔寡断而与你失之交臂了，何等可惜、何等无奈，使你欲寻却不知何处，唯有眼睁睁地看着它们离你而远去……所以，我们一定要加倍珍惜自己身边你在乎和在乎你的人，珍惜身边的每一份真情。

家人，是你一辈子的牵挂和幸福

你的家人一直在等待你的归来。与其费尽心力地去外面寻求，不如静下心，好好地享受和家人在一起的时光。

家人，是你一辈子的牵挂和幸福。他们不会像外面的人那样奉承你、巴结你、取悦你，也不会像外面的人那样嘲笑你、算计你、冷落你。他们怀着爱与关怀看待你的一切，不说好话、不说坏话，只说实在话。正因为有家人的守护，家庭才成为心灵的港湾。冰心说："母亲啊！你是荷叶，我是红莲，心中的雨点来了，除了你，谁是我在无遮拦天空下的荫蔽？"林肯说："我之所有，我之所能，都归功于我天使般的母亲。"摩尔说："走遍天涯寻不到自己所需要的东西，回到家就发现它了。"安德鲁·杰克逊说："母亲的记忆和她的教诲是我人生起步的唯一资本，并奠定了我的人生之路。"家人就是那个在你最需要的时候，毫不犹豫地给予你温暖和支持的人。不管你在外面的世界过得怎么样，是风光还是挫败，可是当你归来，总会有人在等你。你是否珍惜了？

史铁生曾经写过这样一段话：

现在我才想到，当年我总是独自跑到地坛去，曾经给母亲出了一个怎样的难题。

她不是那种光会疼爱儿子而不懂得理解儿子的母亲。她知道我心里的苦闷，知道不该阻止我出去走走，知道我要是老待在家里结果会更糟，但她又担心我一个人在那荒僻的园子里整天都会想些什么。我那时脾气坏到极点，经常是发了疯一样地离开家，从那园子里回来后又像中了魔似的什么话都不说。母亲知道有些事不宜问，便犹犹豫豫地想问而终于不敢问，因为她自己心里也没有答案。她料想我不会愿意她跟我一同去，所以她从未这样要求过，她知道得给我一点儿独处的时间，得有这样一段过程。她只是不知道这一段过程得要多久和这过程的尽头究竟是什么。每次我要动身时，她便无言地帮我准备，帮助我上了轮椅车，看着我摇车拐出小院。这以后她会怎样，当年我不曾想过。

有一回我摇车出了小院，想起一件什么事又返身回来，看见母亲仍站在原地，还是送我走时的姿势，望着我拐出小院去的那处墙角，对我的归来竟一时没有反应。待她再次送我出门的时候，她说："出去活动活动，去地坛看看书，我说这挺好。"许多年以后我才渐渐悟出，母亲的那番话实际上是自我安慰，是暗自的祷告，是给我的提示，是恳求与嘱咐。只是在她猝然去世之后，我才有余暇设想。我不在家里的那些漫长的时间，她是怎样的心神不定，坐卧难宁，兼着痛苦的惊恐与一个母亲最低限度的祈求。现在我可以断定，以她的聪慧和坚忍，在那些空落的白天后的黑夜，在那些不眠的黑夜后的白天，她思来想去最后准是对自己说："反正我不能不让他出去，未来的日子是掌握在他手中的，如果他真的要在那园子里出了什么事，这苦难也只好由我来承担。"在那段日子里——那是好几年长的一段日子，我想我一定使母亲做过了最坏的准备了，但她从来没有对我说过："你为我想想。"事实上我也真的没为她想过。那时她的儿子还太年轻，还来不及为母亲着想，他被命运击昏了头，一心以为自己是世上最不幸的一个人，不知道儿子的不幸在母亲那儿总是要加倍的……

你是否也如史铁生一样，只顾着自己的生活、自己的感受，而忘记了还有人在陪着你一同经历？你快乐她就快乐，你难过她也难过。儿子的不幸在母亲那儿总是要加倍的，同样，儿子的幸福在母亲那儿也总是加倍的。也许你正迈向事业的巅峰，人生无限风光；也许你正陷入生活的泥淖，悲悼着自己的不幸而不能自拔；也许你正筹划着伟大的征程，准备扬帆起航；也许你正徘徊在寂寞的边缘，不知何去何从……不管你处于怎样的境地，都别忘了有人可以与你分享。你的家人一直在等待你的归来。与其费尽心力地去外面寻求，不如静下心，好好地享受和家人在一起的时光。把快乐和痛苦都通通倒出来，在家人的面前你可以实话实说。

第八章

规划好人生，走出光明道

没有目的地做事，是无聊的、空虚的。这是很多负面情绪被放大的最主要的因素之一。有目的地做事，有追求地生活，才能体验幸福和满足，体验自信与安全。

生命在于追求，不是追求某一个答案，不是为了某个具体的目标，而在于不断追求的过程和积极向上的态度。社会要发展，人则必须有追求；自己要发展，则必须变得有追求！

给自己一个看得着的射击靶

有人说成功人士的特征首先是他们都有梦想，并且坚信梦想定能最终实现，随后，他们不懈努力，绝不轻言放弃。

目标就是构筑成功的砖石。没有线路图什么地方也去不了。

通常来说，目标使我们产生积极性，你给自己定了目标，有两个方面的作用：一是你努力的依据，二是你的鞭策。目标给你一个看得着的射击靶，随着你努力去实现这些目标，你就会有成就感。有 98%的人对心目中的世界没有一幅清晰的图画。

所以请你把一生要做的事写下来，放在常常能见到的地方提醒自己，把整体目标分解成一个个易记的目标，把你的目标想象成一座金字塔，塔顶就是你的人生目标。你定的目标和为达目标而做的每一件事都必须指向你的人生目标。

金字塔由五层组成，最上的一层最小，是最核心的。这一层包含着你的人生总目标。下面每层是为实现上一层较大目标而要达到的较小目标。如果计划不具体，无法衡量是否实现了目标，就会降低你的积极性。

有人说成功人士的特征首先是他们都有梦想，并且坚信梦想定能最终实现，随后，他们不懈努力，绝不轻言放弃。生活中一切成功的源泉就在于一个人的梦想和实现梦想的决心。

珍惜你的梦想，勿让别人偷去你的梦想。

从实践看，往往是奋斗目标越鲜明、越具体，越有益于成功。正如作家高尔基所说："一个人追求的目标越高，他的才能就发展得越快，对社会就越有益。"

公元前300多年，雅典有个叫德摩斯梯尼的人，年轻时立志做一个演说家。于是，四处拜师，学习演说术。为了练好演说，他建造了一间地下室，每天在那里练嗓音；为了迫使自己不外出郊游而是一心训练，他把头发剪一半留一半；为了克服口吃、发音困难的缺陷，他口中衔着石子朗诵长诗；为了矫正身体某些不适当的动作，他坐在利剑下；为了修正自己的面部表情，他对着镜子演讲。经过苦练，他终于成为当时"最伟大的演说家"。

明末清初著名的史学家谈迁，29岁开始编写《国榷》。由于家境贫困，买不起参考书，他就忍辱到处求人，有时为了搜集一点资料，要带着铺盖和干粮跑一百多里路。经过27年艰苦努力，《国榷》初稿写成了，先后修改6次，长达500多万字。不幸的是，初稿尚未出版却被盗了。这一沉重打击，令他肝胆欲裂，痛哭不已。然而他著书的雄心壮志却没有动摇。他擦干了眼泪，又从头写起。他不顾年老多病，东奔西走，历时八九载，终于在65岁时，写成了这部卷帙浩繁的巨著。

目标会使我们兴奋，目标会使我们发奋，因为走向目标便是走向成功，达到目标便是获得成功！成功是人的高级需要，世界上还有什么能比成功对人有巨大而持久的吸引力呢？

美国的希尔博士在他所著的《人人都能成功》一书中写了这样一个故事：63岁的老太婆菲莉皮亚夫人，决定从纽约市步行到佛罗里达州的迈阿密市去，这段路程大约相当于从北京至香港的距离。当她到达迈阿密时，记者问她是如何鼓起勇气徒步旅行的，她回答说："走一步路是不需要勇气的。我就是迈出一步，再迈一步，不停地迈，就到这里了。”在这段故事中，从纽约徒步到迈阿密是菲莉皮亚夫人的目标，一步接一步地走是她的计划，然后迈出第一步，再迈第二步、第三步……这就是她的行动。如果她不去“迈步”，她就永远也不能到达迈阿密。

目标是我们对于所期望成就的事业的真正决心。许多人都明白自己应该做什么事，可就是拿不出行动来。他们不懂得每天进步一点点是制定未来目标的原则。这种成功学的战略，无论是精神生活的追求、物质生活的追求或是对事业的追求都适用。我们可以追求短期效应，但是目光却应放长远些，不要计较一城一池的得失，不要让急功近利蒙住了我们智慧的双眼。

当你不知道自己希望进步的是什么，那一定是有什么东西在起着阻碍作用。某种隐形的阻力使你犹疑，不能去发现和追寻自己真正的愿望。你应当找出那掣肘的阻力，这样你才能去设法消除它。只要你确定一个你确实想达到的目标并且着手向这个目标接近，这时你的阻力就会从隐蔽中跳出来，并开始劝说你不要轻举妄动。

你需要做的就是找出一个临时性的目标，它要非常诱人。这样才会诱使你的阻力相信你确实想要实现它，然后你就马上行动起来去追寻这个目标。

在追求自己目标的时候，如果你有一种卡住的感觉，那么就请把卡住你的所有障碍都揭示出来，再把它们都搞清楚。

请先做这样一件事情：在一张纸上记下那些你认为的世人眼中的“有意义的工作”，要尽可能多地写。是什么使得工作确实值得做？现在读一下你写的东西，你想到的是否与下边提到的类似？

“有意义的工作是必须对这个世界有益的工作，它必须以某种方式帮助人类。”

“要想有意义，你所干的必须要引起轰动，你必须成功，这与你干什么工作无关。”

“我认为那些从事有意义工作的人是完全身不由己的。他们废寝忘食，因为他们像哥伦布、牛顿一样沉浸于最伟大的发现之中，或者像贝多芬一样，具有最丰富的想象力。”

“我认为，在世人眼里，在生活中你尽了自己最大的努力，比如，成了家、有房子、有一个好的工作，成为社会的栋梁之材，你就是有价值的。”

明白自己一生要做的事，第一步就是要懂得做你喜欢做的事与做值得去做的事之间的联系。

单纯的娱乐不会使你感到幸福。请你不要把能去度长假作为自己的生活目标。如果你所从事的是与自己的本性毫不相干的事情，那么即使你已置身于天堂，过着优裕和显贵的生活，也会感觉空虚。如果你不是投身于真正喜爱的事情中，无论你身居何处，都无异于置身监牢之中。你要知道，当你做你喜爱的工作时，你才能对世人做出最大的奉献！毕加索画画不是为了帮助别人，爱因斯坦建立相对论也不是为了帮助别人。他们着眼的只是自己的工作。那时工作占据了他们的全部心思，在工作上他们付出的努力是高度个人化的，是自我专注的，甚至可以说是自私的，在他们工作时，他们的头脑中并没有记挂什么人的福利。他们做事遵从的是他们内心冲动的激励，而不只是出于要乐善好施的愿望。一般来说，人们所做的事要么是有意义的，要么是使自己快乐的，两者不可兼得，必须在这两者中做出选择，现在该是打破这个神话的时候了。

事实上，你选择了两者中的一个，你就必定要放弃另一个。

有热爱才会有“伟大的”工作，说到底，只有这样做工作你才真正是在乐善好施。想到这个世界需要你去做你最擅长和最喜爱的事情，你的心中或许会暖意融融。

做自己喜爱的工作，你有何感受呢？有人问过一些人，得到了这样的一些回答：

“它让你心无旁骛，殚精竭虑而不知疲惫。”

“我喜爱我的工作，因为它总在延伸和更新。”

“在我废寝忘食时，我知道我迷恋上了我所做的工作。”

你可以得到这样的工作。为此，你自己要摆脱任何束缚，任想象力自由驰骋，准备去随心所欲地想象。阻碍你的到底是什么？

写出你的清单，把它放在皮夹里，经常拿出来看。

可行性高、执行简单是最理想的计划。

梦想和理想的主要区别是是否有计划。怎么把梦想、空想转化为理想的问题，也就是树立理想和实现理想的步骤问题。

有些人梦想一份报酬高的工作，有的人则有冒险经营的想法和投资计划，想成为好莱坞巨星，以及想要多做事来造福别人。梦想的特殊之处在于——如果你相信自己有能力使梦想成真，它就能够鼓舞激励你。然而，如果你没有拿出必需的行动成就它的话，梦想就仅仅像海市蜃楼一样，迷惑你的双眼。因此，追求幸福的秘诀是否要归结于托马斯·爱迪生的公式“成功是1%的灵感加上99%的努力”呢？如果1%是拥有梦想——相信你可以做到，不管你目前所处什么位置或者从什么地方开始——那么行动就占据了这个公式整整的99%吗？但实际上单单拿出行动不是关键的。没有方向的开始只会让你兜圈子或者匆匆止步。这里的结论是：区分成功者与不成功者的一个简单却重要的东西就是“一个计划”。因此，没有计划的梦想仅仅是一个梦想。

做事有目的性，使得做事者产生把握未来的可能性，给做事者带来充实感和安全感。做事有目的性，相应带来的是事件结果（由于和目的对比）对做事者产生的影响。这种影响，可能是满足情绪（结果达到目的）或者是失望情绪（目的未达成或者未完全达成）。两种情绪的产生使得做事的人感到自己做了事情而觉得充实（时间没有浪费）。满足情绪带来的可能还有对生活的把握感（提供把握未来的可能）及继而产生的存在的安全感。

谈到安全感，不得不说起害怕这种情绪。人，总因害怕而害怕。害怕而未知，因未知而害怕；害怕而无能，因无能而害怕；害怕而失去，怕失去而害怕。这并不是故作拗口，事实就是如此。死之所以可怕，是因为它带来的后果是无可估量、不可承受而无法面对的。做事的目的性和通过控制使得事情达成目标这个过程使得做事者对现实产生一种可以驾驭的安全感。

没有目的地做事，是无聊的、空虚的。这是很多负面情绪被放大的最主要的因素之一。有目的地做事，有追求地生活，才能体验幸福和满足，体验自信与安全。

生命在于追求，不是追求某一个答案，不是为了某个具体的目标，而在于不断追求的过程和积极向上的态度。社会要发展，人则必须有追求；自己要发展，则必须变得有追求！

梦想和理想的主要区别是是否有计划。怎么把梦想、空想转化为理想的问题也就是树立理想和实现理想的步骤问题。我们可以分为以下几步走：第一步是明白树立理想的目的；第二步是确定目标；第三步是根据现实条件对目标进行分析，判断其可行性；第四步是挑选可行目标；第五步是针对每个目标认真进行细分，再细分为子目标；第六步是把子目标设为计划（时间和内容的双线计划、长期目标与短期计划的结合）；第七步是对计划进行可行性分析；第八步是为子目标挑选可行计划（方案）；第九步是为子目标计划添加后备计划及监控计划；第十步是执行计划并控制其实施过程；第十一步对实施结果进行评估。

如何确立一个可行性高、执行简单的理想计划？一个计划的可行性依赖于制定人对现实条件的了解和把握程度。一个计划的可执行性依赖于制定人对实施过程事件的了解和把握程度。总体来说，计划的可行性和可执行性主要依赖于信息（知识）的完备程度，这包括你的知识体系和阅历的完备性。所以，想制定一个可行性高、执行相对简单的计划，必须提高制定人的知识和阅历(对信息的把握)。

梦想之所以遥远，是因为没有计划和行动，由此我们可以明白为何不少人不能实现自己的梦想。如果想梦想成真，就要定出计划，并付诸行动。有了目标，欲望在燃烧；有了计划，激情才会继续而不会消减。

不断设定目标，迎接挑战

我们的理想之所以不能成真，那是因为我们每一个人的梦想往往都是建筑在周围的环境之上的。我们不能给自己的失败留下任何一个存在的空间，不要让自己有备用的梦想。

每一天，我们都能遇到对自己的人生和周围的世界不满意的人。在这些对自己处境不满意的人中，98%的人都对心目中喜欢的世界没有一幅清晰的图画。他们没有改善自己生活的目标，无法用一个人生目标去鞭策自己。结果，他们继续生活在一个他们无意改变的世界上。

曾有一位医生对活到百岁以上的老人的共同特点做过大量研究。他叫听众思考一下这些人长寿的共同因素，大多数听众以为这位医生会列举食物、运动、节制烟酒以及其他会影响健康的东西。然而，令听众惊讶的是，医生告诉听众，这些寿星在饮食和运动方面没有什么共同特点。他发现，他们的共同特点是对待未来的态度——他们都有人生目标。

我们自己的人生目标，其实就是鼓舞我们克服一切艰难险阻的不竭动力。

如果一个人拥有了明确的人生目标，那么在他心中就会想着如何才能实现自己的人生目标，他的人生目标会帮助他冲破成功道路上的重重障碍，大踏步向着前方迈进。同时，他也会千方百计地寻找没有阻碍的光明前途，以加快前进的步伐。

鲁迅先生自从看了帝国主义者屠杀国人而国人无动于衷的电影之后，决心“医治国人的精神”。人生的目标是人们旺盛斗志不竭的源泉。从那以后，他拿起了笔，毅然向黑暗宣战。一支小小的笔，在鲁迅的手中，时而是匕首——扎向敌人的心脏；时而是手术刀——剔除国人思想中腐朽的封建残余；时而是枪——刺破白色恐怖，寻找光明。几十年的时间，他笔耕不辍，为我们留下了很多优秀作品，也成为受人尊敬的一代文学大师。如果鲁迅当时没有订立“治疗国人的精神”那个目标，那么他也许只会是一位普通革命者，或是一位医生。就是因为那个目标的确立，让他拥有了旺盛的斗志，最后在漫漫历史长河中写下了自己的名字，成了民族精神的象征。

我们的理想之所以不能成真，那是因为我们每一个人的梦想往往都是建筑在周围的环境之上的。我们不能给自己的失败留下任何一个存在的空间，不要让自己有备用的梦想。一个未能实现的梦想，就是一个惧怕失败的梦想。

法国曾经有一位十分贫穷的年轻人，他经过十年的艰苦奋斗，终于成了媒体大亨，跻身于法国前 50 名大富翁之列。1998 年在他去世的时候，他将自己的遗嘱刊登在当地报纸上，说：我也曾是贫困之人，知道“贫困的人最缺少的是什么”的人，就能够得到 100 万法郎的奖赏。曾有两万人争先恐后地寄来了自己的答案。答案五花八门，说什么的都有。有很多人认为，穷困的人最缺少的是机会、技能，穷困的人最缺少的就是金钱……但是最后没有一个人答对。一年之后，他的律师公开了答案：“贫困的人最缺少的，是成为有钱人的野心！”这个答案几乎所有的有钱人都予以认可，这个谜底震动了欧美。这个人说出了自己之所以能够成为富人的关键所在。

这里说的“野心”，准确地说，应该是我们常讲的“雄心壮志”。一个心志不高的人，一个一张蓝图都没有的人，一个没有远大目标的人，他根本就没有能力创造出任何的奇迹。

梦想需要细心的滋养，因为这是上天所赐。现实生活中，有许多人任凭生活夺走自己的梦想。这个掠夺梦想的人可能会是你的父母、朋友、同事等，他们都会在不知不觉中夺走你的梦想。不要让别人替你做决定，给梦想一个机会，不要让他人毁了你自己的梦想。如果有人打击你，别沮丧，把情形扭转过来。成功的道路并不平坦，你必须详细计划通往成功的路线。

我们不要去试，而是要去做。有人想成功，又不愿意付出努力。真正的成功不是天上掉下来的，要成就任何有价值的目标，都绝非易事。“试”这个字根本不属于成功人生的一部分。你越靠近成功，困难就会越多。“试”这个字模棱两可，暗示犹豫。它实际的意思是，“我也许办得到，但是也可能会失败，所以还是算了”。上天不可能会让你去理解你自己做不到的事，但这并不意味很容易就能达到自己的目标。有时候我们的思想有多大，我们的成就就有多大。

追求一个明确的目标，可以引导我们的生活。没有人能够替我们订立人生的目标。订立人生目标是我们自己的事情。我们如果想要自己的梦想成功，那么就要通过一系列既高标准又现实的目标设定。为了成功并实现自己的梦想，我们要确立长期的人生目标，然后再设立短期目标。一个个的短期目标提供了通往最终目标的途径。短期目标设定者可以用这两个方面来做衡量的标准。第一，停下来问自己：为了达到我的目标，我愿意付出多少代价？第二要认清自己，知道自己的能力和缺点。

一旦实现了一个目标，就必须再设定一个新的目标。在我们实现了长久追求的目标的时候，它正是一个新的挑战。我们一旦达成目标，就朝着别的一个更大的目标迈进，务必以更坚决的态度面对它。设定当前的目标，便为自己提供了通往实现长期计划的阶梯。

若要成大事，必须做好当下小事

一个人若想成就大事，必须从小事做起。你在人生道路上难免遇到一些困难和挫折，只要你付出，总会找到克服困难的办法，总能到达理想的彼岸。

当今社会，正处于转型期，于是整天妄想一夜暴富，一夜成名者有之；不劳而获，坐吃山空者有之；庸庸碌碌，满口抱怨者有之。

古时候有个小故事讽刺了这些人：东汉名臣陈蕃少时独居一室，而院内十分龌龊，薛勤批评他："孺子何不洒扫以待宾客？"陈蕃答道："大丈夫处世，当扫除天下，安事一屋乎？"薛勤当即反驳："一屋不扫，何以扫天下？"

曾国藩曾说过，"天下大事当于大处着眼，小处着手"。他是这么说的，也是这么做的，才使得他最终得到了清政府的信任，大权才牢牢掌握在自己手中，实现了自己的一番作为。天下三分有一的刘备也说过，"勿以恶小而为之，勿以善小而不为"，正是由于他做事认真细致，不放过一丝一毫的细节，才使得天下豪杰争相归附，有了与曹操、孙权抗衡的能力。

每一个成绩的取得都是由一个个动作、一个个工件的制作，一个个程序的编制，一个个知识技能点的掌握，通过日积月累、逐步形成的，都是由无数个不眠之夜、无数汗水和无数次的失败、成功累积而成的。一个人永远不可能一日成名、一蹴而就。总而言之，一分的成功，必须有百分的付出，必须从小事做起。

“一屋不扫，何以扫天下”，一个人若想成就大事，必须从小事做起。你在人生道路上难免遇到一些困难和挫折，只要你付出，总会找到克服困难的办法，总能到达理想的彼岸。

有这样一个故事：

有人对一只小闹钟说：“你一年要重复不停地‘嘀嗒’三千多万次，你能忍受这种枯燥乏味的生活吗？”小闹钟听后十分沮丧。一只老怀表对小闹钟说：“不要只想着一年怎么‘嘀嗒’三千多万次，只要坚持每秒‘嘀嗒’一次就行了。”于是，小闹钟按照老怀表说的去做。一年过去了，小闹钟顺利完成了“嘀嗒”三千多万次的任务，变得更加成熟和坚强。

这个故事给我们的启示是：凡事要坚持从小事做起，不要急于求成，不要被困难吓倒，要认真对待每一天。只要坚持做好一点一滴的事，相信你距离成功的目标一定会越来越近。

有的人急于实现目标，重结果轻过程，在经过一些努力后，发现目标依然遥远，就泄气甚至绝望。能够获得成功的人，多是做事有条不紊、坚持不懈的人。人，贵有理想，更可贵的是能为理想坚持不懈地奋斗。老子说过：“九层之台，起于垒土；千里之行，始于足下。”孔子也说：“无欲速，无见小利。欲速，则不达；见小利，则大事不成。”因此，我们做事既要放眼长远，又要做好眼前的点点滴滴。

成功贵在坚持。只有相信自己的能力，想好今天要做什么、明天该做什么，努力把每件事做好，就像那只小闹钟一样，坚持每秒“嘀嗒”一下，才能够取得成功。一个人要有雄心壮志，但更要能做好当下点滴小事。

今天的学习比明天的希望更重要

“临渊羡鱼，不如退而结网”这句话，揭示了一个简单的道理：理想和愿望固然美好，但成功的实现需要脚踏实地、坚韧不拔、实事求是的奋斗精神。

数学上两点之间的最短距离是直线。生活中到达某一目标的捷径却往往是曲线。为了实现目标需要矢志不渝，但矢志不渝并非是直线逼近、撞到墙上也不回头，而是往往需要曲线前进。从这个意义上说，在目标和现实之间画一条曲线是实现理想的艺术。

我们面临的世界，是一个充满变数并且竞争非常激烈的世界。成功，很多时候取决于你是否走了一条正确的奋斗路线。只有这样，才能避免选错目标、朝相反的方向上用劲。

古时候有个渔夫，是出海打鱼的好手。可他却有一个不好的习惯，就是爱发誓言，即使誓言不切实际，一次次碰壁，也将错就错，死不回头。

这年春天，听说市面上墨鱼的价格最高，于是他便立下誓言：这次出海只捞墨鱼。但此次渔夫遇到的全是螃蟹，他只能空手而归。上岸后，他才得知，现在市面上螃蟹的价格最高。渔夫后悔不已，发誓下次出海一定只打捞螃蟹。

第二次出海，他把注意力都放在了螃蟹上，可这一次遇到的却全是墨鱼。他只好又空手而归。

晚上，渔夫躺在床上，十分懊悔。于是，他又发誓：无论遇到螃蟹，还是墨鱼，他都捕捞。

渔夫没有赶上第三次出海，就在自己的誓言中饥寒交迫地离开了人世。

目标离我们很远，现实离我们很近。目标与现实的距离长短，取决于自己对自己能力的一种认识。就像上面故事中的渔夫，他之所以每次出海都没得到收获，最后在饥寒交迫中死去，是因为他太喜欢发一些不切实际的誓言了。而这样的情况在我们的现实生活中是无处不在的。

目标应建立在现实的基础上才有可能实现，而在现实中每个人都要在自己的前方树立一个目标，才能做到有所追求。在通向目标的道路上还会有泥泞和坎坷，我们必须以顽强的毅力，执着地走下去。只要坚持不懈，就会离目标越来越近。

“临渊羡鱼，不如退而结网”这句话，揭示了一个简单的道理：理想和愿望固然美好，但成功的实现需要脚踏实地、坚韧不拔、实事求是的奋斗精神。在生命的调色板上，人人都希望自己是个卓越的画家，能调出万紫千红的色彩；人人都希望自己在事业上取得成绩，有所建树。五彩缤纷的希望，给人无穷的追求力量。人们在希望中起步，在希望中成功，而愿望的实现，有人希望从天而降，有人则埋头苦干，在希望中奋斗。

然而，希望在哪里？有人说：在明天——明天的快乐，明天的富有，明天的充实……可是有经验的农民不仅希望明天的丰收，更重视今天的耕耘；有作为的青年，不仅希望明天的成功，更重视今天的学习。浑浑噩噩的人何曾没有美丽的憧憬，可是没有今天的耕耘，哪有明天的丰收？等到收获的季节来临了，他们的篮子仍然是空空如也。可见，与其临渊羡鱼，不如退而结网。

如果一个人想充实自己的生活，那他就一定会有目标。一个人失去了目标，就失去了自己的理想与希望，那他的人生谈何意义。所以确定一个目标对于我们是很重要的。但有些人把目标定得过高、过于荒谬，耽误了自己，使自己失去了前途。

循序渐进地走自己的路

数学家华罗庚曾说：“要循序渐进！我走过的道路，就是一条循序渐进的道路。”捷克教育家夸美纽斯也说：“应当循序渐进地学习一切，在一段时间内，只应当把注意力集中在一件事情上。”

饭要一口一口地吃，路要一步一步地走，任何人都不能一口吃成个胖子。所以不论做什么事情，都不要眼高手低，从小事做起才是硬道理。

弗洛姆在《逃避自由》一书中阐述：作为社会中的个体，人总是需要在局部目标达到之后不断确立新的信仰和目标，在某种意义和程度上束缚自己，逃避先前渴求的自由和伴随着这种贬义的自由而来的积极性的丧失、空虚和无聊。人的一生既是短暂的又是漫长的。人一生总目标的实现是比较遥远的事情，任何成功都绝不可能一蹴而就，再伟大的成就也是由一个个小目标的实现累积而成的。纵观每一个成功者的奋斗史，都是在达成无数个小目标之后，才最终成就伟大的事业。所以，要把人生总目标分解成长短不同的阶段性目标，各个击破，逐步接近总目标；而实现一个个阶段性目标带来的成就感和自信心，也会让你对自己的人生总目标更有信心和把握。看似遥不可及的宏伟目标，只要大方向是正确的，是适合自己的，是在自己的能力“射程”之内的，那么，只要遵循化整为零、循序渐进的成功规律，一步一步脚踏实地，稳扎稳打，最终的成功就会是“皇天不负苦心人”、“功到自然成”的事情。数学家华罗庚曾说：“要循序渐进！我走过的道路，就是一条循序渐进的道路。”捷克教育家夸美纽斯也说：“应当循序渐进地学习一切，在一段时间内，只应当把注意力集中在一件事情上。”

在世界马拉松史上，曾有一位名不见经传的日本选手赢得了人们的瞩目。作为一名长跑选手，他的个人条件并不出色，但是他却摘取了该年度的马拉松桂冠。记者采访他成功的原因，他说：“因为我把比赛全程分解成了一个个具体的目标。我在每一次比赛之前都会做精心准备，我会乘车把比赛要走的线路观察一遍，记下沿途中比较醒目的标志性建筑物。然后，在漫长的赛程中，我就把全程用各个目标分成一段一段的短程，我会铆足了劲冲向第一个目标，然后调整心态，继续以不变的速度冲向第二个目标。其他选手的目标是最后的终点，所以他们往往跑不到十几公里就已经疲惫不堪了，而我的目标则是下一个小目标，相比之下，我的目标是容易接近的，所以，整个赛程我一直是充满信心的，这信心得益于一个个看得见的分目标呀。”

英国威斯敏斯特教堂旁边矗立着一块墓碑，上面刻着一段著名的发人深省的话：“当我年轻的时候，我梦想改变这个世界；当我成熟以后，我发现我不能改变这个世界，我将目光缩短了些，决定只改变我的国家；当我进入暮年以后，我发现我不能够改变我的国家，我的最后愿望仅仅是改变一下我的家庭，但这也不可能。当我躺在床上行将就木时，我突然意识到：如果我一开始仅仅去改变我自己，然后，我可能会改变我的家庭；在家人的帮助和鼓励下，我可能会为国家做一些事情；然后，谁知道呢？我甚至可能会改变这个世界。”

这段话因为充满哲理而闻名于世，它提醒人们：如果要实现自己远大的目标，不妨将目标一段一段地分解，让它成为通过一定努力可以实现的、较小的、具体的、阶段性的目标。

俄罗斯撑竿跳高名将谢尔盖·布勃卡就是分解目标、缩小目标的最佳实践者。这位“撑竿跳高沙皇”从20世纪80年代初开始就独步天下，主宰世界撑竿跳领域长达20年之久。他是田径史上唯一一个赢得6次世界冠军的超级巨星，身后留下了35次打破世界纪录的辉煌瞬间。

也许，你可能会惊讶地问：这么多次破纪录，他每一次能提高多少啊？答案是：每一次提高一厘米！他就是用这种规则允许的最小度量，在17年内把室外世界纪录提升到6.14米（室内6.15米）。所以有人称他为“一厘米王”。因此，有些人在钦佩他的同时可能会有一种不屑的想法，觉得他是为了多拿奖金才有意这样做的。其实，布勃卡真实的意图就是为了让自己的目标更小一些，离自己更近一些，这会增加他的信心和力量。他说：“如果说当初就把训练目标定为6.14米，没准早就被这个目标吓倒了。”布勃卡此举非常明智，他将远大的目标缩小为每次一厘米，这样他每破一次纪录，就能获得一次征服的快感和享受，就证明一次自己的实力，就向自己心中更高的目标跨进了一步。

心理学实验证明，太难的和太容易的事，都不容易激起人的兴趣和热情。只有比较难的事，才具有一定的挑战性，才会激发人的热情行动。目标是现实行动的动力和方向。目标过低，如果低于自己的水平，不能完全发挥自己的能力，就不具有激励价值；目标过高，如果高不可攀，就算费尽力气，在较长时期内也不能明显见效，就会挫伤人们对目标的信心，反而起了消极的作用。大目标虽然能够激发我们心中的力量，但是，如果目标距离我们太远，我们就会因为长时间没有实现目标而气馁，甚至会因此而变得自卑。所以，为了顺利实现心中的大目标，最好的方法就是在大目标下分出层次，设定每个阶段的小目标，步步为营，分步实现大目标。

拥有一个宏伟远大的目标并不难，难的是真正地将它付诸实现！难在哪里？就难在人们往往都能树立一个远大的目标和理想，却没有或者缺乏正确地实现这一目标的智慧与策略，于是就不知有多少人在盲目地、缺乏充分准备地向伟大目标的冲刺中折戟沉沙、功败垂成。因此，我们要学会将自己伟大的人生目标分解为、缩小为若干个具体的小目标，然后一个一个、一步一步地实现。当这些小目标全部实现后，你的远大目标也就成功地实现了。

从开始到成功，需要一段距离

人生中最重要的就是开始，但开始了并不意味着就可以轻易成功。从开始到成功还有一段距离，这段距离就需要我们认真地计划，发扬执着的精神。

大部分的人都高估了自己一年内所能完成的事，而低估了十年之中所能完成的事。人生中重要的是开始，但要取得成就就需要一长段的时间。

哈佛大学的爱德华·班菲德博士经过多年研究，发现成功者与失败者的区别在很大程度上是基于个人对于时间的态度而定，班菲德把这个结论称作“时间观念”。他发现那些成功的人都是有长期时间观念的人。他们在做每天、每周、每月的活动规划时，都会用长远的眼光考量，他们会规划五年、十年甚至二十年的未来计划，他们做决策和分配资源时，都是以未来长远的目标为准则。

在另外一方面，班菲德博士发现那些失败的人都只有短期的观念。他们几乎不做长远计划，他们更看重短期的欢乐而非长期的经济保障，更关心眼前的利益而不是未来的成功与成就。因为这样的态度，他们选择短期计划，而导致长期的困苦生涯。

要想致富，我们就先要好好问问自己，到底什么才是你人生中真正想要的？你希望人生有价值而快乐吗？你希望事业成功吗？你希望拥有很多的财富、漂亮的汽车和豪华的别墅吗？你希望能到世界各地旅行，亲眼看看各种名胜古迹吗？你希望有个幸福的家庭，希望得到孩子的尊敬吗？不管你心里有什么样的希望，在做这样的梦时，就必须有对事业生涯的长远规划，并要准备好为此付出长期的努力。要知道，成为伟大的人的机会并不像火山爆发般地在瞬间喷薄而出，而是缓慢地、一点一滴地积累的过程。但越是年轻的人，往往却越想快速达到目标，快速致富，尽早享受生活。其实人一定要先努力工作，持续不断地努力工作好几年，才能实现真正有价值的目标，才能享受渴望的生活方式。

要想出类拔萃，在心理上你就要做好全身心地投入十年的时间准备。因为不论从事什么职业，要培养出足够的专业能力，在竞争激烈的社会中取得成功，你就必须要花很长的时间。当你对自己做出了这种长期的承诺后，你会发现你对待学习、工作及生活的态度会完全改变，你会从战略的高度考虑问题，从而会变得更为优秀。

人生中最重要的就是开始，但开始了并不意味着就可以轻易成功，从开始到成功还有一段距离，这段距离就需要我们认真地计划，发扬执着的精神。罗马不是一天建成的，成功也需要一段长期的积累。

成功需要什么样的计划呢？需要的不仅是每天的计划、每周的计划、每月的计划、每年的计划，还需要有三年的计划，需要有五年的计划，更需要有十年的计划。成功的人都善于规划自己的人生，都知道自己要达成哪些目标，都是先拟定好优先顺序，再拟定一下详细计划。在人生当中，你没有办法做每一件事情，但是你永远有办法去做对你最重要的事情。计划就是一个排列优先顺序的流程，当你把优先顺序排定之后，做起事来会非常轻松，非常有效率，而且，当你做完事情之后成功率也会提高。

千万要记住，凡事要有计划，有了计划再行动，成功的概率会大幅度提升，只有行动，没有计划，是所有失败的开始。由此可见，贫穷是不需要计划的，致富才需要一个周密的计划。

莫把自己放错位

改变环境，找准位置，才有运筹帷幄之中、决胜千里之外的张良，才有领百万之兵，战必胜、攻必取的韩信，才有千千万万颗夺目的明星。

鸟儿飞翔在天空，天空是它们的位置；骏马奔驰在原野，原野是它们的位置；猛兽出没于山林，山林是它们的位置；鱼儿潜游在清溪，清溪是它们的位置。你有你的位置，我有我的位置，大家各有自己的位置。

如果一直向上看的话，那么就会觉得一直在下面；如果一直向下看的话，那么就会觉得一直在上面。如果一直觉得在后面，那么肯定是一直在向前看；如果一直觉得在前面，那么肯定是一直向后看。目光决定不了位置，但位置却永远因为目光而存在。关键的是，即使我们处于一个确定的位置上，目光却仍然可以投往任何一个方向。

想要拥有位置，就要有相符的能力。珠穆朗玛峰在攀登者心中的形象并非是因为它的位置，而是因为它的高度；一块石头在金子的位置上仍然还是石头，而且会让人更瞧不起那块石头。只要是金子，放在哪里，哪里就是金子的位置，如果是石头，那么最多也只能放在石头的位置上。伟大的人，总是位置选择他；平庸的人，才东张西望地选择位置。

安于其位，尽其职责。在演员的位置上，就要学会表演；在观众的位置上时，就要学会欣赏。社会是个大舞台，而我们却总是分不清我们到底是在表演还是在欣赏。或许，这正好能校验一个人随时调整与适应的能力。

每个人在奋力向上爬的同时，并不会想到高处不胜寒。但是，身处高处，行动处处受到限制，虽然有居高临下的优越感，却失去了简单的快乐和珍贵的自由。身处低处，看不到秀丽的风光，但却有潇洒和自由伴随，也不失为一种难得的乐趣。

位置不可须臾或缺。当老人无声无息地走向天堂时，当残花凋零枯草飘摇时，当夕阳收尽苍凉残照悄悄走下山去时，它们的位置仍在。

生活中，最难得的就是摆正自己的位置，调整自己的心态，走好自己的路。鲁迅弃医从文，拾起文笔做匕首，是因为发现了自己的位置；史铁生不屈服于命运的安排，一篇《我与地坛》使千万人声泪俱下，是因为发现了自己的文学才华，找到了位置；华彦钧流落街头，双目失明，以卖艺为生，但他为自己赢得了位置，于是，便赢得了生命。

生活中，不是每个人都能成为伟人，也不是每个人都注定碌碌无为。只要我们安心于自己的位置，那么周围的一切就会以我们为中心，或是离我们而去，或是冲我们而来，或是绕着我们旋转，或是对着我们静默。如果我们惶惶不可终日，始终感到没有一个合适的位置，那么周围的一切就会变成主人，我们得跑前跑后地去伺候着，我们得忽左忽右地奉承着，我们得上蹿下跳地迎合着，我们得内揣外度地恭维着。

处在什么位置上，就得在什么位置上寻找意义。位置的意义要靠有意义的人去挖掘、去深化。位置本身没有绝对的好与坏，好与坏只是我们的心境和感觉。人生的位置就像在影剧院观看演出，不同的位置向着同一个方向排列着，一批人来了，一批人走了，又有一批人来了，而台上，一直在演出不同的故事，展现不同的风景。

改变环境，找准位置，才有运筹帷幄之中、决胜千里之外的张良，才有领百万之兵，战必胜、攻必取的韩信，才有千千万万颗夺目的明星。莫把自己放错位，改变环境，找准绽放美丽的舞台。

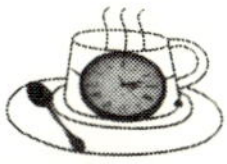

第九章

阳光的心情，灿烂的人生

心态决定状态。心可以造天堂，也可以造地狱。好心情才有好风光，好花还要好心赏。幸福人生需要阳光心态，心态对了，人生就对了。

如同一枚硬币的两面，人生有正面和背面。光明、希望、愉快、幸福……这是人生的正面；黑暗、绝望、忧愁、不幸……这是人生的背面。那么，你会选择哪一面呢？

不一样的心态，不一样的人生

同样是在工作，为什么有些人得到重用赏识，芝麻开花节节高，有的人却郁郁不得志，始终原地踏步，停滞不前？这其中，心态起着主要的决定性作用。

很多成功者从失败走向成功，从成功落入失败，一次又一次地坚持，最终走到胜利的顶峰，其实就是因为有一个好心态——健康的心态——宽容、大度、坚忍、乐观、坚持、希望！为此，他们才能够在悬崖边缘，甚至掉下悬崖后，再一次绝地反击，一跃而起。

一个农民，初中只读了两年，家里就没钱继续供他上学了。他辍学回家，帮父亲耕种三亩薄田。在他 19 岁时，父亲去世了，家庭的重担全部压在了他肩上。他要照顾身体不好的母亲，还要照顾瘫痪在床的祖母。

20 世纪 80 年代初，农田承包到户。他把一块水洼地挖成池塘，想养鱼。但乡里的干部告诉他，水田不能养鱼，只能种庄稼，他只好又把池塘填平。这件事成了一个笑话，在别人眼里，他是一个想发财但又非常愚蠢的人。

听说养鸡能赚钱，他向亲戚借了 500 元钱，养起了鸡。但是，一场洪水后，鸡得了瘟疫，几天之内全部死光。500元钱对别人来说可能不算什么，对一个只靠三亩薄田生活的家庭而言，不啻为天文数字。他的母亲受不了这个打击，竟然忧愁而死。他后来酿过酒，捕过鱼，甚至还在石矿的悬崖上帮人打过炮眼，可都没有赚到钱。35岁的时候，他还没有娶上媳妇。即使是离异的有孩子的女人也看不上他。因为他只有一间土屋，随时可能在一场大雨后倒塌。娶不上老婆的男人，在农村是没人看得起的。但他还想搏一搏，就四处借钱买了一辆手扶拖拉机。不料，上路不到半个月，这辆拖拉机就载着他冲入一条河里。他断了一条腿，成了瘸子。那拖拉机被人捞起来时，已经支离破碎了。他只得拆开它，当作废铁卖。几乎所有的人都说他这辈子完了。

但是，后来他却成了一家公司的老总，手中有两亿元的资产。现在，许多人都知道了他苦难的过去和富有传奇色彩的创业经历。许多媒体采访过他，许多报告文学描写过他。但很多人只记得这样一个情节——记者问他："在苦难的日子里，你凭什么一次又一次毫不退缩？"

他坐在宽大豪华的老板台后面，喝完了手中的一杯水。然后，他把杯子握在手里，反问记者："如果我松手，这只杯子会怎样？"记者说："摔在地上，碎了。""那我们试试看。"他说。他手一松，杯子掉到地上发出清脆的声音，但并没有破碎，而是完好无损。他说："即使有10个人在场，他们都会认为这只杯子必碎无疑。但是，这只杯子不是普通的杯子，而是用玻璃钢制作的。"

于是，记者记住了这段经典绝妙的对话。这样的人，即使只有一口气，他也会努力去拉住成功的手，除非上苍剥夺了他的生命。

故事很普通，但是为什么这个人最终能够成功？关键是坚持自己的梦想，永不放弃，永不言败！当然，心态在其中的作用是不可低估的，心态其实也可以在时光的磨炼中成熟，不一样的心态就会有不一样的人生。

这绝对是一条颠扑不破的真理。同样是在工作，为什么有些人得到重用赏识，芝麻开花节节高，有的人却郁郁不得志，始终原地踏步，停滞不前？这其中，心态起着主要的决定性作用。

很多企业员工，总是自觉不自觉地把自己归类或定位为打工一族，以打工仔自居。因此，无论做什么事情，总认为自己只不过是一个打工的，总认为自己是为老板打工的、是为老板出卖劳动力的、是为老板作嫁衣的、是被老板“压榨剥削”的，而不是为自己而工作的、不是为自己创造和提升价值的、不是为自己积累资历和财富的。在这样的心态和观念指引下，很多人得过且过，对工作不积极主动，不认真负责，不愿意多付出一点点，总担心自己只付出而得不到应有回报，总觉得吃亏的是自己，总有一种受害感。这样的心态是非常消极和不利的。最终耽误和受害最深的还是自己。自己束缚了自己的发展，最终断送了自己的美好前程。

事实上，在市场经济条件下，任何打工的人都有可能通过自己的努力奋斗来改变自己的命运和地位。看看今天处在老板位置上的人，他们绝大多数不都是从打工做起的吗？很多知名的“打工皇帝”和国企以及民营企业的主要负责人，他们原先不也是打工的吗？而要改变自己打工的命运，首先就要从改变自己的心态做起。要相信自己一定也可以有所作为、有所成就。

心态好了，人生就美了

你要想赢得人生，心态就不能总处在消极的状态，那只会使你沮丧、自卑、徒增烦恼，还会影响你的身心健康。

一个是智商高的女工程师，一个是智商一般的普通女工，她们都曾面临着同样一个困境——下岗，但为什么她们的命运却迥然不同呢？原因就在于她们各自的心态不同。

女工程师下岗了！这成了全厂的一个热门话题，人们纷纷议论着、嘀咕着。女工程师对人生的这一变化深怀怨恨。她愤怒过、她骂过、她也吵过，但都无济于事。因为下岗人员的数目还在不断增加，别的工程师也开始下岗了。然而，尽管如此，她的心里却仍不平衡，她始终觉得下岗是一件丢人的事。她的心态渐渐地由愤怒转化成了抱怨，又由抱怨转化成了内疚。她整天都闷闷不乐地待在家里，不愿出门见人，更没想到要重新开始自己的人生，孤独而忧郁的心态控制了她的一切，包括她的智商。她本来就血压高、身体弱，她忧郁的心态又总是让她把自己的注意力集中到下岗这件事上。她内心一直都在拒绝这一变化，但这一变化又实实在在地摆在了面前，她无法解脱。没过多久，她就忧郁孤寂地离开了人世。

有另一个在同一批下岗的普通女工，心态却大不一样，她很快就从下岗的阴影里解脱了出来。她想别人既然没有工作能生活下去，自己也肯定能生活下去。她还萌生了一个信念——一定要比以前活得更好！从此以后，她的内心没有了抱怨和焦虑，她平心静气地接受了现实。说来也怪，平心静气的心态让她变得聪明起来，她发现了自己以前从来没有认真注意过的长处，这就是她对烹调非常内行。就这样，在亲戚朋友的支持下，她开起了一家小小的火锅店。由于她发挥了自己的长处，她经营的火锅店生意十分红火，仅用了一年多的时间，她就还清了借款。现在她的火锅店的规模已扩大了几倍，成了当地小有名气的餐馆，她自己也确实过上了比在工厂上班时更好的生活。

女工程师的心态始终处在忧郁之中，这样的心态使得她对自己的人生不可能做出一个公正的评价，更不可能重新扬起生活的风帆。她完完全全沉溺在自己孤独的内心之中。一个人一旦拥有了这样的心态，其智商就犹如明亮的镜子被蒙上了一层厚厚的灰土，根本就不可能映照万物。所以，尽管女工程师的智商高，但在面对生活的变化之时，她的心态却阻碍了其智商的发挥。不仅如此，她的心态还把她的智商引向了负面，使她的智商在埋怨和忧郁的方向上发挥出了威力，换句话说，她的智商越高，她的报怨就越深，她的忧郁就越有分量。而与之相反，普通女工的智商虽然一般，但她平和的心态不仅使自己的智商得到了淋漓尽致的发挥，而且还决定了其性质是正面的、积极的，所以，她获得了成功，过上了比以前更好的日子。

如同一枚硬币的两面，人生也有正面和背面。光明、希望、愉快、幸福……这是人生的正面；黑暗、绝望、忧愁、不幸……这是人生的背面。那么，你会选择哪一面呢？

有一位日本武士，名叫信长。有一次，在面对实力比他的军队强十倍的敌人时，他决心打胜这场硬仗，但其部下却表示怀疑。

信长在带队前进的途中让大家在一座神社前停下。他对部下说："让我们在神面前投硬币问卜。如果正面朝上，就表示我们会赢，否则就是输，我们就撤退。"部下赞同了信长的提议。

信长进入神社，默默祷告了一会，然后当着众人的面投下一枚硬币。大家都睁大了眼睛看——正面朝上！大家欢呼起来，人人充满勇气和信心，恨不能马上就投入战斗。

最后，他们大获全胜。一位部下说："感谢神的帮助。"

信长说道："是你们自己打赢了战斗。"他拿出那枚问卜的硬币——硬币的两面都是正面！

这个故事告诉我们：你要想赢得人生，心态就不能总处在消极的状态，那只会使你沮丧、自卑、徒增烦恼，还会影响你的身心健康，结果，你的人生就可能被失败的阴影遮蔽了它本该有的光辉。

没有追求，就没有真正的人生

你总是以为对手强大无比，其实你是在自己人生的跑道上给自己设置了无形的障碍，直到自己被自己战败。

失败是一种悲观、不良的心态，有时，它不是因为你的对手很强大造成的。它产生的根源是因为自身信念的动摇，使你必胜的决心一点点地从你的心灵深处开始瓦解。因此，在没来得及向对手挑战时，你就失败了，你没有败给别人，而是败给了你自己。

心态决定了你和成功的距离。你总是以为对手强大无比，其实你是在自己人生的跑道上给自己设置了无形的障碍，直到自己被自己战败。这一切充满了人性的悲哀，所以，在人生的赛场上你必须从另外一个高度审视自己，把自己列为第一个对手，只有战胜了自己，你才有可能成功，你才有望最先冲向胜利的顶峰！

希望是沉重的，然而这种沉重常常会激发出人的最大能量，成就一个人的光辉前程；梦想是轻松的，然而这种轻松往往能消解人们心中的重负，让生活充满欢愉。

不是所有的希望都能实现。生活的变数常常会将个人的执着击得粉碎，有心栽花花未必开。但不是所有的梦想都无法实现，造物主的神奇也常戏弄着我们这些凡夫俗子，无心插柳柳却成荫。

希望在某种程度上来讲是古板的，让生活失去很多色彩，功成名就后是人性的悲哀；梦想又是不着边际的，容易使人玩物丧志，碌碌无为后更是人性的悲哀。

失去奉献的价值观不可取，失去人本性的快乐亦不可取。做梦的时候千万不可忘记自己脚下的路，为梦而驻足将失去做人的价值。为了希望奋斗的同时不妨做几个自由自在的梦，只要这梦可以给你带来轻松和快乐。

这个世界是人类的世界，人们把思想变成现实，这也就是希望的作用。希望并非是似有似无的，它是可以改变一些的，有希望才有未来。

没有追求就没有真正的人生，追求成功的过程就是最美的人生。无论从事何种职业，我们都不应为了金钱去牺牲生命中最高贵、最美丽的东西，我们应该利用种种机会，使“美”充实于我们的生命里。

一个爱美的人，他的生命中自然含有美好的成分，美好的思想与美好的观念，都会显露于一个人的言谈举止当中。爱美的学者将会成为艺术家，使自己的家庭美满而甜蜜。无论人从事的是何种职业，爱美的习惯使人们不但能做个合格的工匠，还能做个出色的艺术家。

剑桥大学教授戴维·斯托特指出：完美的生命，一定是为爱美的习惯所点缀、所激发、所丰富的生命。不会享受自然美的人，在他的生命中就缺少了养成高贵人格的一大要素。爱美在任何人的生活中都占有很重要的地位，比如人的性格受他人的影响较少，但自然的风景、美丽的花卉，却极易对人的性格发生影响。

美的东西往往能激发人们心灵深处的一种力量，所以，美的东西能使人的头脑更为清新，使人的精力得以恢复和保持，并促进身体与精神的健康。对美的心灵感悟才是真正的生命药方，它可让盲人永远活在光明中。可悲可叹的是，我们许多健康人却一直生活在黑暗中——他们对身边的美熟视无睹！

两个盲人靠说书弹三弦糊口，老者是师父，70多岁；幼者是徒弟，20岁不到。师父已经弹断了999根弦子，离1000根只差一根了。师父的师父临死的时候对师父说："我这里有一张复明的药方，我将它封进你的琴槽中，当你弹断第1000根琴弦的时候，你才可取出药方。记住，你弹断每一根弦子时都必须是尽心尽力的。否则，再灵的药方也会失去效用。"那时，师父才是20岁的小青年，可如今他已皓发银须。五十几年来，他一直奔着那复明的梦想。他知道，那是一张祖传的秘方。

一声脆响，师父终于弹断了最后一根琴弦，直向城中的药铺赶去。当他满怀虔诚、满怀期待等着取草药时，掌柜的告诉他：那是一张白纸。他的头嗡地响了一下，平静下来以后，他明白了一切：他不是早就得到了那个药方吗？就是因为有这个药方，他才有了生存的勇气。他努力地说书弹琴，受人尊敬，他学会了爱与被爱。

回家后，他郑重地对小徒弟说："我这里有一个复明的药方。我将它封入你的琴槽，当你弹断第1200根弦的时候，你才能打开它，记住，必须用心去弹，师父将这个数错记为1000根了。

小徒弟虔诚地允诺着，师父心中暗想：也许他一生也弹不断1200根弦。

生命的美丽在于希望，希望的美丽在于追求。成功与否，不在于结果如何，追求成功的过程就是最美的人生。

点亮一盏心灯

要想温暖别人，你内心要有热；要想照亮别人，请先照亮自己；要想照亮自己，首先要照亮自己的内心。怎样照亮内心？点亮一盏心灯，塑造阳光心态。

阳光心态是知足、感恩、乐观、开朗的一种心态，是一种健康的心态。阳光心态能让人心境良好、人际关系正常、适应环境、力所能及地改变环境、人格健康。具备阳光心态可以使人深刻而不浮躁，谦和而不张扬，自信而又亲和。

在我们日常生活中，经常会遇到各种麻烦和困扰：工作环境不称心、事情处理不公平、经济条件不宽裕、没有能力自己购买住房、长期野外工作、健康欠佳、期望中的事情落空、好心未得好报、先进评比没有份、自己工作最辛苦没有得到领导的认可、受冤枉挨批评，等等。对这类事情，如能持积极心态，心里就会想得开，心胸也就会豁达，就能妥善对待、处理好这些事情，进而工作顺利、心情舒畅。如果总是想不开，越想越气，自控能力减退，情绪失去控制，言行也就出现反常现象。甚至为了一点小事，大闹一场，出言不逊，开口伤人，使人际关系受损。更有甚者，干脆连工作也不想要了，提出辞职。事后冷静下来想一想，为一点小事，大发脾气，提出辞职，到头来受伤害的还是自己，根本不值得。对此，我们不禁要问：究竟哪里出了问题？是心态出了问题。

心态出了问题，那就要调整好心态，好心情才能欣赏好风光。塑造健康的心态，塑造知足、感恩、乐观、开朗的阳光心态，就是要建立积极的价值观，获得健康的人生，释放强劲的影响力。你内心如果是一团火，就能释放出光和热；你内心如果是一块冰，就是融化了也还是零度。要想温暖别人，你内心要有热；要想照亮别人，请先照亮自己；要想照亮自己，首先要照亮自己的内心。怎样照亮内心？点亮一盏心灯，塑造阳光心态。

一个人幸福不幸福，在本质上与财富、相貌、地位、权力没多大关系。幸福由自己的思想、心态而决定，我们的心可以造“快乐的天使”，也可以造“阴险的魔鬼”。如果你把别人看成是阴险的魔鬼，你就生活在“悲哀”里；如果你把别人看成是快乐的天使，你就生活在“愉快”里。如果你能把别人变成丑陋的魔鬼，你就在制造“悲哀”；如果你能把别人变成快乐的天使，你就在制造“愉快”。怎么才能把别人变成快乐的天使呢？要学会感恩、欣赏、给予、宽容。

我们想要享受生活，就要建立积极的心态。积极的心态是从正面看问题，乐观地对待人生，乐观地接受挑战和应付麻烦。这对一个人的生活至关重要。因为，人生在世，不如意之事十有八九，这不以人的意志为转移。

用阳光心态享受生活，要善于发现美。生活中并不缺少美，缺少的是发现。要学会欣赏每个瞬间，要热爱生命，要相信未来一定会更美好。用阳光心态享受生活，学会放下。该放下的放下，学会谅解、宽容。不原谅别人，等于给了别人持续伤害自己的机会。

心态是我们调控人生的控制塔。心态的不同导致人生的不同，而且这种不同会有天壤之别。心态决定命运，心态决定成败。心态是后天修炼的，我们完全可以通过修炼我们的心态来成就我们的事业，改变我们的人生。

生活因为热爱而丰富多彩，生命因为信心而瑰丽明快。激情创造未来，心态营造今天。如果你心情好，你会发现沙漠为你唱歌，小草为你起舞；如果你心情糟糕，你会发现开放的玫瑰在流泪，奔腾的小溪在哭泣。这叫境由心造、相由心生。快乐的心态会像一缕温暖的阳光驱散心里的阴云，阳光会铺满每个角落。

直面人生的苦难，勇敢地迎接生活的各种考验，让我们以阳光的心态去迎接生活的挑战，以阳光的心态去快乐地生活，让生活时时处处都充满欢愉、充满朝气、充满阳光！

心中存爱，微笑面对生活

只有心中存有爱的人，才能感受到现实中的阳光有多温暖。如果连自己都冷落了，那生活将如何才能恢复美好？

人生就如同一本残缺不全的书，所有的一切都不是完美，最多也只是近乎完美！那残缺不全的就是不可改变的败笔！一切随缘才是我们必须选择的道路，因此，我们不要一味地去追求浮华的人生，那样只会自欺欺人，到头来把自己搞得伤痕累累！

如果想让自己逍遥自在，让自己快乐，必须要学会不去计较自己得到多少！只要已有所得，就应该满足。凡是你做了，都必然会有所得到，只是得到多少的问题。

笑容，是对生活的一种态度，与贫富、地位、处境没有必然的关联。一个有钱的富翁或许会整天焦虑不安，忧心忡忡；而一个贫困的人，则可能心情舒畅；一位残疾人，也许能坦然乐观地面对生活；一位处境顺利的人，可能会愁眉不展；一位身处逆境的人，也可能会淡定从容地微笑着面对生活。

在日常生活中，一个人的情绪受环境的影响，这是很正常的。如果你总是苦着脸，一副苦大愁深的样子，对你的处境并不会有任何的改变。相反，如果微笑着去面对它，那会增加你的亲和力，会有更多的人乐意与你交往，那么，你就会有更多发掘自己潜力的机会。

阳光，多么温暖的名词啊！可是，真正懂得用心中阳光温暖别人的，又有几人？只有心中存有爱的人，才能感受到现实中的阳光有多温暖。如果连自己都冷落了，那生活将如何才能恢复美好？

笑容，是发自内心的，不卑不亢的，既不是对弱者的愚弄，也不是对强者的阿谀奉承。献媚时的笑容，是一种虚伪的假笑，而那层戴在脸上的面具是不会长久的。一旦有了机会，那虚伪的面具便会被摘除，露出那丑陋的面目。

浅浅的一个笑容，就会让人感觉很舒心。微笑，那是对别人的一种尊重，不论是上司或是下属，人际关系就像物理学上所讲的力的平衡，你怎样对待别人，别人就会怎样对待你，要想别人尊重你，首先，你得尊重别人。

当发生了不愉快的事，受到别人的误解时，你可以选择暴怒，也可以选择一笑而过。通常，笑容的力量会比暴怒更大。因为，你的笑容，足以震撼对方的心灵，你所显露出来的宽容与气度会让对方觉得自己的渺小与心胸狭隘。清者自清，浊者自浊。有时候，过多的解释与争执是没有必要的。对于那些无理取闹、蓄意诋毁的人，给他们一个微笑，剩下的事就交给时间去验证吧！

有一百位科学家联合指证，爱因斯坦的理论是错误的。当爱因斯坦知道这件事后，只是淡淡地笑了笑，说："一百位？要这么多人么？只要证明我真的错了，只要一个人出面指证，我就会改进！"

最终，爱因斯坦的理论，经历了时间的考验与认证，而那一百位科学家，就这样被一个笑容打败了。

人生中，有误解，有挫折，有失败，这些都是常见的。要想生活中一片坦途，那么，必须先清除掉自己心中的障碍物，懂得取长补短，谦虚谨慎。

微笑，算得上是一种修养，也是一种内在的涵养，它给了别人亲切、鼓励与温馨。真正懂得微笑的人，总是比别人活得更轻松，也得到更多的收获。所以，请善待自己，端正好态度，微笑着面对生活，相信它会赋予我们更绚丽多姿的人生。

不要预支明天的烦恼

不用预支自己明天的烦恼，只需做好今天的功课。做好今天的功课，就是应对明天烦恼的最好法宝。

对于日子来说，昨天已经过去，明天是个未知数，只有今天才是实实在在属于自己的时光。因此，过好今天，才是最大的、最现实的收获。要过好今天，首先不要预支明天的烦恼，其次是要忘掉过去的烦恼。人生走过的路总是坎坷的，必然会有不少的失误和挫折。过去的烦恼，如果天天盘结在心头，就会让自己陷入无止境的烦恼之中，如李白所言："抽刀断水水更流，举杯消愁愁更愁。"把快活的日子挤进了死角，让往日的烦恼役使着自己，这也是很悲哀的啊！不要为已失去的、不可挽回的事情而烦恼。过去的就让它过去，无论挫折和失败，无论怨恨和悲切，无论情殇和误解，都统统把它忘掉吧，腾出一片天地，让快乐刷新今天的日子。

快乐对于今天来说，也是稍纵即逝的，因此，在每一个月落日出之时，就要牢牢地抓住快乐并立即付诸行动，绝不能把快乐记在心上、挂在嘴上，而不落实到今天的全部过程中。要如此，一是要彻底转换观念，把自己的快乐视为生活的主旋律；二是要把快乐的心境寄托在现实的爱好上，如琴棋书画、养鸟垂钓、歌舞健身等，这样，快乐就有了内容，有了依附，有了原动力，快活的音符才不会弱化；三是要有意识地发现快乐。在日常生活或相互交往中，快乐的机会是很多的，如在广场公园，看着喷泉、听着鸟语、欣赏着雕塑、呼吸着花香，快乐无穷。在家里，不妨进厨房听听锅碗瓢勺交响曲，快乐不就油然而生了吗？

哈利伯顿说：“怀着忧郁上床，就是背负着包袱睡觉。”许多人心中潜藏着一只名字叫作“烦恼”的小蚂蚁，常常放出来吃掉自己的难得的快乐。

丹麦有个民间故事，说的是一个铁匠，家里非常贫困。于是铁匠经常担心：“如果我病倒了不能工作怎么办？”、“如果我挣的钱不够花了怎么办？”结果一连串的担心像个大包袱，压得他喘不过气来，使他饭也吃不香，觉也睡不好，身体一天天地越变越弱。

有一天，铁匠上街去买东西，突然卧倒在路旁，恰好有个医学博士路过。博士在询问了情况后十分同情他，就送了他一条金项链并对他说：“不到万不得已的情况下，千万别卖掉它。”铁匠拿了这条金项链高兴地回家了。

从此之后，他经常地想着这条金项链，并自我安慰道：“如果实在没有钱了，我就卖掉这条项链。”这样他白天踏实地工作，晚上安心地睡觉，逐渐地他又恢复了健康。后来他的小儿子也长大成人，铁匠家的经济也宽裕了。有一次他把那条金项链拿到首饰店里去估价，老板告诉他这条项链是假的，只值一元钱。铁匠这才恍然大悟：“博士给我的不是条项链，而是治病的方法！”

从这则民间故事里，我们可以悟出这样一则道理，不用预支自己明天的烦恼，只需做好今天的功课。做好今天的功课，就是应对明天烦恼的最好法宝。特别是当我们把心头的那个沉重包袱放下时，原来焦虑的那些令人不安的后果往往也就不会发生了。

期望效应能够“点石成金”

期望对人有深层次的指导作用，美好而积极的期望使人良性发展，不当的期望则会让人的发展每况愈下。

为什么有的人成功，有的人失败？为什么99%的人到了50岁还要为生活而奔波？工作几十年到最后还是什么都没有？是不是幸运的人总幸运，而倒霉的人就总倒霉呢？其实，幸运的密码就在你的选择里。如果让你选择：A.今天一次给你100万元。B.每天给你1元连续30天，每天给你前一天的2倍。你会选择哪一个呢？相信很多人会选A，他们只能得到100万。而选B的人却能在30天里拿到5亿元。只是一个简单的选择，会选和不会选的就天差地别，选对了你就幸运，选错了你就只有自认倒霉，不是你是否聪明、是否会算的问题，而是你是否有远见和是否只看眼前利益的问题。

人生是由无数的选择组成的，每做出一次正确的选择，就向成功迈出一步，每做出一个错误的选择就多了一份失败的危险。就像火箭发射的过程，要让它进入正确的轨道、进入预定的目标位置，就需要不断地调整运行方向，一旦偏离正确的轨道就要及时作出判断选对方向，及时调整过来。否则就会脱离轨道，将无法控制，失败是必然的。所以你是否幸运，关键在于你的选择，你要时刻明白什么是你真正的需要，什么是你想要的结果，你的选择会带来什么结果？什么是你的幻想，什么是你要面对的现实？只要知道你要什么，什么时候要，你才能在奋斗的过程中，不断地调整你的方向，从而迈向成功！幸运之神是公平的，你只要选对了幸运的密码，每个人都能成为永远幸运的那个人。

美国心理学家罗森塔尔教授在1968年做了一个实验：他和他的实验小组随机抽取了美国的一所普通学校，并在6个年级18个班级里进行了所谓的“潜力调查测验”，之后给该校老师提供了部分学生的名单，并告知他们名单中的学生潜力超出常人，要求老师们在不告知学生本人的情况下进行长期的观察。而实际上，罗森塔尔教授在编写名单时只是随机抽取，也就是说名单和潜力高低并没有任何联系。然而8个月后他们发现，名单上的学生不但在学习成绩方面进步神速，在道德、人际关系及其他方面也都有突出变化。罗森塔尔对此现象进行了分析，得出结论：“潜力调查测验”使教师对部分学生产生更高的期望，从而下意识地对学生做出有积极意义的引导，而学生收到这种下意识传递的信息后，自尊心和自信心等方面得到了提升，进而开始重塑自我，最终符合了“潜力调查结果”。这就是著名的期望效应的典型试验。

用一句最通俗的话来解释这一效应就是“说你行，你就行，不行也行”，当然，反之也成立。这就是说，当人们相互交流的时候，一个人的感情和期望等行为会导致其寄予对象向相应的方向发生一系列变化。期望对人有深层次的指导作用，美好而积极的期望使人良性发展，不当的期望则会让人的发展每况愈下。

那期望效应不就成了“点金石”了吗？也许你会觉得，这样形容期望效应有些夸大，事实上，心理学家的一系列研究与实验恰恰证明了期望效应有时就是能够“点石成金”，能让“铁树开花”。

上面提到的实验效应对儿童如此，对于成人也会这样显著吗？成人的接受能力、知识程度都与儿童有很大区别，更重要的是成人往往已经形成稳定的人格，是否还会受到期望效应的影响呢？

20世纪70年代，电脑还没有像现在这样普及，仅仅是少数技术人员能够进行电脑操作。美国一个公司的高管在自己的公司进行了一项实验：他挑选了一个在公司担任清洁工的黑人，指出这个黑人有电脑方面的天赋，可以胜任电脑操作员的工作。结果，仅仅三个月的时间，这个黑人就成长为公司最出色的电脑操作员之一。

关于期望效应的实验还有很多，这些实验都指向了同一个事实：一个人的能力、性格等因素，与周围环境和他人的期待以及他对自己的期待有很大的关系。这也就是期待效应真正的力量，它神奇的力量背后是强烈的心理暗示在起作用：周围环境及他人和自我的期待会对个人的自我判断产生一定的影响，这种影响会转化为心理暗示，使人相信自己就是他人描述的形象，即为自己建立一个理想的行为模型，并逐渐向理想模型靠拢，进而使自己符合理想模型的形象。

相对于自卑的人，自负的人更容易让人厌烦。即使这样的人可能会有很多朋友，却很少有深交的。并且，在人际交往中，如果自己的错误遭到别人的指责和批评，为了避免自己陷于被动，他们就会用不屑、贬低别人来保护自己，所以，这样的人总是很难和别人正常交往下去。

在工作上，这样的人也许能力很强，但是由于不接受批评，所以很少会被委以重任，于是他们总是郁郁不得志。当然，有的时候，他们也会有些成就，但是自我的膨胀很快就让他们陷入骄傲自大中。他们不懂得收敛自己，自然容易引起别人的不满，职业生涯也就变得坎坷起来。

另外，受到打击的不得志和小成功的迷失自我，让自负的人很难正确地评估自己、根据现状做出正确的选择。所以，他们总是不断地在“挫败—自卑—防御—自我膨胀”的不良心理中循环下去，让自己处于痛苦之中，不能自拔。

其实，改变自我膨胀并不难做到。从本质上说，自我膨胀的心理是一种不成熟的心理表现，为了弥补自己的自卑，不去主动弥补自己的不足，却用过度的自负来掩饰。所以，一个自我膨胀的人，只要正视自己的错误和缺点，对自己有客观正确的评价，就能在发现错误的过程中提高自己，渐渐地让自己的心理走向正确的轨道。

向完美挑战

我们或许不能做到完美，但我们可以追求完美，向完美更进一步。简单地说，就是我们人类的进步。

夸父追日，道渴而死；精卫填海，矢志不移；女娲炼石，力补苍穹。这种执着和顽强的精神，体现了生命的高贵，演绎了生命的壮丽和辉煌。追求完美，使人不再碌碌终生；追求完美，使人不再悔恨不已；追求完美，使人永垂千史；追求完美，使人达到人生目标。

人有悲欢离合，月有阴晴圆缺。我们虽然做不到完美，但我们可以追求完美，至少我们在向完美前进，在向完美挑战，至少我们进步了。生命的长短用时间计算，生命的价值用贡献计算。人生追求完美，定能做出一番不平凡的业绩，定能体现出生命的价值与意义。

人在世界上最大的敌人是自己，而人生中最难做到的事就是做到完美。可我们人类之所以不同于其他动物，就是因为我们有着这种坚忍不拔、执着、顽强的精神。我们或许不能做到完美，但我们可以追求完美，向完美更进一步。简单地说，就是我们人类的进步。

追求完美，是人类自身在渐渐成长过程中的一种心理特点或者说一种天性。如果人只满足于现状，而失去了这种追求，可能生活就没有那么多的精彩。我们对事物总要求尽善尽美，愿意付出很大的精力去把它做到天衣无缝的地步。

但时间长了以后，就自然会形成这样一种情景：如果一件事情没有做到自己满意的地步，那么必定是吃不好也睡不好，总觉得心里有个疙瘩，很不舒服。什么事情都会有个度，就像水到了100℃就会沸腾，低于0℃就会结冰一样，追求完美超过了一定的度，就会变得不完美，所以我们实在没有必要刻意地去强求它。

俗话说“万事有得必有失”，得与失只在一瞬间。失去春天的葱绿，却能够得到金秋的丰硕；失去青春岁月，却能使我们走进成熟的人生。失去，本是一种痛苦，但也是一种幸福，因为失去的同时也在获得。

人总有优点和缺点，不要总拿自己的缺点和别人的优点比，那样你会自信不足。而且有的方面你已经相当不错了还自认为不够，自己给自己鸡蛋里挑骨头，在该大胆展示自己的时候也往后退缩，一次一次的机会就这样与你失之交臂。而有的人只是因为有勇气表现自己而抢占了机会。

一次，一名将军观摩麾下军队的射击训练。当看到士兵射击训练的状况后，曾经是神枪手的将军看了不满意，说：“来，我给你们示范示范。”

于是，他端起枪，稍加瞄准，一枪射出。“8环！”传来了报靶声。士兵们鸦雀无声。整个靶场的空气在瞬间似乎紧缩了一下，毕竟将军年事已高，偶尔一靶失常也是可以理解的。

将军不动声色，只是瞄准得比第一次仔细了。只听“啪”的一声，“8环！”那边又传来了报靶声。士兵中已开始有人窃窃私语。

将军的第三枪、第四枪瞄得时间更长，遗憾的是接连传来的还是“8环！”士兵们开始骚动了。

第五枪，将军倾注了更多的时间，终于，他扣动了扳机。所有的人都屏住呼吸，“8环！”

接下来的第六、第七、第八、第九、第十枪，将军打得更离谱，竟连续打出只有两环的成绩。

于是官兵们在惊讶的同时，开始骚动不安，在议论纷纷之中各种风凉话也开始涌动起来，甚至可以隐隐听到讥笑声。将军依旧一言不发。

但就在这时，一名眼尖的士兵突然失声叫道：“看呐，将军的靶眼连起来，不正是一个标准的正五角星吗？”过了许久，整个靶场终于爆发出了经久不息的掌声。

到今天，谁也不知道当将军第一枪放出去时，脑子里是不是想用与众不同的方式展示一下枪法，也许第一枪本身就是一次失误，但这一点也不重要，重要的是，将军在后面几枪彻底抛开了世俗标准，即打靶就要10环的标准，而最终的结果比10环更精彩！

人的一生如同将军打靶一样。没有人能够一生当中按照设想中的目标行事，也没有人能够完全按照世俗的标准走对每一步，就像没有人能够一辈子每一次都能打中10环一样。瑕疵与错误也是生活的组成部分。我们不能为了追求完美而忽视了我们眼前的生活。多数的时候，人是在起起落落间实现自己完美的人生，因为生命是通过无数不完美的事件串成的。对于我们而言，重要的不是我们今天是不是打出了那个完美的10环，而是我们是否坚定信念，不轻易放弃，坚实而认真地走好我们每一步，并在沉稳的心态下，不断修正我们自己的目标与自己所在的航道，随机应变，最终的结局或许就会给你一个意外的惊喜。

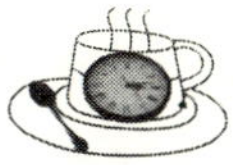

第十章

去繁就简，简单最美

生活很复杂，其实也可以很简单。人生不怕平淡的日子，只怕生活的感觉不真实。生活不怕困难的日子，只怕没有真情存在。拥有简单思想的人过着简单的生活就是一种幸福。然而思想一旦变得复杂起来，就不会满足于现实的生活，总是追求更高的生活层次，在情感上也想拥有得更多，这时生活的烦恼也会随之而来……

生活其实很简单

生活其实很简单，累的时候就休息，困的时候就睡觉，饿的时候就吃饭。当烦恼向我们袭来时，就想办法把它解决掉。

丘吉尔说“每朵乌云背后都会有阳光”。不要再去逃避这个世界，人是不可能离开社会独立存在的，去追求真正的平平淡淡吧，不要再为自己的无能去胡乱地发扬庄子的“无为”了。开始走出困惑，用心去感悟，用心去改变，用心去追求真正的平平淡淡，这样才是真正的生活。

有人就会轻松地享受人生，他们会觉得飞扬只是人生的一瞬间，平平淡淡才是永恒。不必为了奢望浮华而费尽心机，也不必为了寻不到人生的雄奇博大而暗自苦恼。人生如梦，岁月如歌，得也好、失也好、穷也好、富也好，名和利只不过是过眼云烟，还是平平淡淡才是真。

所有的东西都可以虚假，只有生活才是最真实的。每个人都希望自己的人生闪烁出耀眼的光环，都希望自己有一段不平凡的生活，事业上获得惊人的成就，拥有一段惊天动地的爱情。可是当一切光环都消失的时候，剩下的却是本色的生活状态。生活就是柴、米、油、盐，生活就是平平淡淡地过好每一天。

生活很复杂，其实也可以很简单。人生不怕平淡的日子，只怕生活的感觉不真实。生活不怕困难的日子，只怕没有真情存在。拥有简单思想的人过着简单的生活就是一种幸福。然而思想一旦变得复杂起来，就不会满足于现实的生活，总是追求更高、更好的生活层次，在情感上也想拥有得更多，这时生活的烦恼也会随之而来……

也许有些人以为，贫困的生活是不会有幸福可言的，生活在一起的人整天为了生计而奔波操劳，怎么可能会有幸福可言？他们在忙碌的生活中寻找的是生活的资本，寻找的是吃饭穿衣的资金，没有时间和心情去考虑幸福是怎么回事。其实，只要彼此心里装着对方，即使是贫困的生活也能找到幸福的感觉。只要爱着彼此，一起辛苦、一起劳累、一起过着贫困的生活，这也是一种幸福。幸福和爱就是两个人一起经历风雨，经历贫穷，一起过着平淡而简单的生活。

生活其实很简单，上班的时候，我们就努力地工作，下班的时候，我们就按时下班。下班回来，简单地做几个自己喜欢吃的小菜，然后有滋有味地享用。如果工作忙，很累的话，那干脆就不做饭，简单地吃个快餐。节省下来的时间看自己喜欢看的书或者睡个甜甜的觉。

生活其实很简单，累的时候就休息，困的时候就睡觉，饿的时候就吃饭。当烦恼向我们袭来时，就想办法把它解决掉。

生活其实很简单，对待家人要多关心，多体贴，对待孩子要多些爱心与耐心，对待老人要多孝心，对待爱人要多理解，对待朋友要多真诚，与人相处诚心相待。

生活其实很简单，听从内心深处的呼唤，追求心灵所需要的快乐生活，这种快乐是心的宁静与安详。有自己的空间，不想打扰别人，也不想让别人打扰。在平淡寻常中保持一颗宁静的心。快乐着自己的快乐，幸福着自己的幸福！给自己留一分自由的空间！

生活其实很简单，过自己的生活，不要羡慕别人。别人的再好，那也是别人的，羡慕只是增加烦恼。学会善待自己。我们无法改变这个世界，但我们有能力改变自己。快乐是一种心态，是自己可以控制的。

生活其实很简单，简单就是美，房间里该扔掉的东西就尽情地扔掉。不要吝啬，很多东西摆在那里是多余，干脆狠下心把它扔掉。简单的房间本身就给人一种很悠闲、放松的感觉。即使很有钱也不要买那么多东西。一切都是身外之物，该放下的就放下，该扔掉的就扔掉。

生活其实很简单，不要爱慕虚荣，不要和别人攀比，有滋有味地过自己的生活。保持一个良好的心态，不要让自己的心境受外界的影响，淡定从容，宠辱不惊，抛开一切诱惑和迷茫。

生活其实很简单，有那么多你牵挂的人，也有那么多牵挂你的人！细心感受，学会理解和宽容。珍惜友情，学会放松，那样的你一定很快乐！你也一定会有一个精彩的简单生活！

用减法平衡生活

作为平常人，我们虽然做不到“无求自安”，但是起码可以采取“减法”——当自己痛苦的时候，要勇于删除一些需求。

城市生活让人们无法止步，人们一直生活在持续的加法中，好，还要更好，多，还要更多。其实生活的幸福感并不能完全借由物质的丰裕程度来衡量，拥有更多的财富、更大的房子、更好的车子，未必能带来更多的幸福。人们常常因为拥有得太多，生活太过复杂，反而让自己被控制住了。

生活是需要做减法的，那是一种让生活尽量简单化的状态。说白了，生活要求太高，一旦复杂起来，碳的排放量就会多了很多。生活要不折腾，越简单越好。上升到精神层面，就是要倾听自己内心的声音，懂得化繁为简，享受幸福。当然减法生活也不是一味简约、简单甚至简陋，而是要寻求一种让生活舒服的适度节制。

工作超时、压力超载、身体超负，不仅得到的来不及享受，反而会如鲜花凋谢般，早早地毁掉了自己的健康。也许我们都还健康着，所以忽略了很多东西。其实，生命有时很脆弱，一不小心，就会被它轻易地背叛了。

人之所以痛苦，是由于所求太多、太繁杂。作为平常人，我们虽然做不到“无求自安”，但是起码可以采取“减法”——当自己痛苦的时候，要勇于删除一些需求。

现今大力提倡“慢生活”，其实，也就是倡导“用减法平衡生活，顺应人体生物钟节律，慢慢享受生活，还生活一个真实状态”。

其实，人生不应该太满。太满便没有空间去享受生活，会让心灵很快衰老。过简单的生活，主动摒弃一些东西是种成熟的心态，那是因为我们知道自己要什么而不要什么了。减少并不意味退步，只是做了合理的减法，化繁为简了。

化繁为简做减法也不是懒惰地不思进取，而是主张剔除生活中可有可无的负累，不被名利所左右，不被物欲所驱逐，不让生活终日忙忙碌碌，不让健康跟不上我们的步伐。

不想做的事情拒绝了，不想交的朋友舍掉了，不想挣的钱不要了……还原生活的本真，真实体验生活中的自由、轻松和属于生命自身的意义。有节奏地适当放慢脚步，给生活多做减法，生活才会从容，身心才会舒畅。

在简单的生活中寻求快乐

多一分舒畅，少一分焦虑；多一分真实，少一分虚假；多一分快乐，少一分悲苦。这就是简单生活所追求的终极目标。

我们总是把拥有物体的多少、外表形象的好坏看得过于重要，用金钱、精力和时间换取一种有目共睹的优越生活，却没有觉察自己的内心在一天天地枯萎。事实上，只有真实的自我才能让人真正地容光焕发。当你只为内在的自己而活时，幸福感才会润泽你干枯的心灵。

我们需求的物质越少，得到的自由就越多。正如梭罗所说："所谓的舒适生活，不仅不是必不可少的，反而是人类进步的障碍，有识之士更愿过比贫困之人还要简单和粗陋的生活。"简朴、单纯的生活有利于清除物质与生命本质之间的樊篱，让我们认清生活中哪些是我们必须拥有的，哪些是必须丢弃的，简单生活是一种惬意。

多一分舒畅，少一分焦虑；多一分真实，少一分虚假；多一分快乐，少一分悲苦。这就是简单生活所追求的终极目标。

外界生活的简朴将带给我们内心世界的丰富。我们将为日出、草木无声的生长而欣喜不已；我们将重新向自己喜爱的人们敞开心扉；我们将热情地置身于家人、朋友之中，彼此关心，分享喜悦。我们将不是在生活的表面游荡不定，而是深入进去，聆听生活本质的呼唤，让生活变得更有意义。简单生活就是简单化人生。

"我想过一种简简单单的生活"。有多少人会经常说这种话？

人们都希望在一种简单、明晰的环境中工作，并摒弃自身一些不需要的繁文缛节。生活有多混乱？乱成一团麻！生活有多少不健康或不必要的附属物、附庸品？有多少嗜好阻止你去做应该做的事情？有多少衍生品实际上是你不需要的，但却紧紧地吸附在你的生活上？

生活简单化又常以植物剪枝来形象地比喻。园丁们都知道剪枝的重要性。当他们剪下活生生的枝条时，看起来是要伤害植物，但是最终却使植物长得更加强壮。这就叫整枝壮苗。园丁们是在为植物减轻负担，简单化的举措使植物更加繁茂。

当今社会的结构呈金字塔形状，成功人士们在顶端，大多数人都是和大地紧密相连的基础部分。如果，处于下层的人，遥看顶峰的无限风光，产生嫉妒、伤感、愤怒、郁闷等种种不平之气，注定是要痛苦一辈子的。因此，人要学会在简单的生活中寻求快乐，这才叫幸福。

从心理时间上解放出来

开悟的人通常会将主要注意力集中在当下时刻，但是他们对时间的关注仍然同时进行着。换句话说，他们会继续利用钟表时间，但是他们会将自己从心理时间上解放出来。

所谓“心理时间”就是认同过去，并且持续地、强迫性地投射到未来。在你生活中的实际事务上学会利用时间——我们可以称这个时间为钟表时间，但是当这些实际事务被解决后，请立即回到这种当下的状态之中。这样，就不会创造出心理时间。钟表时间不仅仅是用来安排约会或计划旅行的。它包括从过去中吸取经验教训，使我们不会一次又一次地犯同样的错误；包括设定目标并向目标迈进；还包括以规律、法则、物理、数学模型等方式预测未来并从过去中吸取经验教训，同时在预测的基础上采取合适的行动。

在现实生活中，我们离开了时间就不能做任何事情，当下时刻仍然起到关键的作用：任何从过去中吸取的经验都与当下时刻有关，并适用于当下时刻。任何计划以及与实现目标相关的活动都是在当下时刻完成的。

开悟的人通常会将主要注意力集中在当下时刻，但是他们对时间的关注仍然同时进行着。换句话说，他们会继续利用钟表时间，但是他们会将自己从心理时间上解放出来。

你在做这种修炼时要保持警惕，这样你就不会在不自觉的情况下，将钟表时间转变成心理时间。比如，你在过去犯了错误并在现在吸取了教训，这样你利用的就是钟表时间。另一方面，如果你在心理上不断地回忆你过去的错误，进行自我批评或感觉悔恨，这时你将错误融入了“我”以及“我的”之中：你将它变成了自我感觉的一部分，这时它就变成了心理时间。心理时间始终与错误的认同有关。不能宽恕就代表着心理时间的沉重负担。

如果你为自己设定了目标并努力实现它，你是在利用钟表时间。你知道你的目标，但是你也全力地关注你在当下时刻所采取的行动，然而，如果你过于注重目标，或许因为你在寻找幸福或成就感，这时当下就没有被关注，它失去了固有的价值，而沦为通向未来的踏脚石。这样钟表时间就变成了心理时间。这时，你生命的旅程不再是一个冒险，它变成了一个为了达到目标、获得成就的强迫性需要。你不会再看到路边的花朵或闻到它的香味，你也不会意识到存在于当下的围绕着你生命的美丽和奇迹。

如果你为了一个特殊目的而需要运用你的思维，请将你的思维与内在身体联结在一起。当你在没有思想的情况下而保持意识时，你就能创造性地运用你的思维，而进入这种状态的最容易的方法就是通过你的身体。无论何时，当你需要一个答案、一个解决方案或一个创意时，停止思维片刻，把你的注意力集中在你内在的能量场上。请关注你的这种平静状态，当你重新开始思考时，它将会变得新鲜且具有创造性。在任何思维活动中，请习惯性地徘徊于思考和对内心的倾听之间。

在没有思维情况下去思考，会有创造性的结果，这是对你思维的创新和升华。当你需要一个答案、一个解决方案以及一个创意，停止思维片刻，让自己的注意力在内在的能量场上。等你重新思考时候，你就有新鲜和富有创造力的想法。

放慢节奏，从容生活

放慢节奏，从容生活，是一种对健康高度负责的态度，也是一种对有限的生命资源的有力保护。诚如是，才有可能创造健康的、辉煌的人生。

近几年来，欧美发达国家许多有识之士提倡“慢生活”。即强调人们要把握一定的生活节奏，有劳有逸，一张一弛，不要把自己的生活安排得满满的，要给自己留下一些“腾挪”的生命空间，不要总是为没有充足的时间去完成该完成的事情而感到焦虑，也不要永远把自己的兴趣爱好和休息时间放在次要位置。如果我们把“慢生活”作为一种生活方式，加强计划性，安排好自己的工作，清除掉过高的追求目标和耗时项目，科学地支配时间，从容地休息和运动，无论对提高工作效率还是保障身心健康都不失为明智的选择。

现实生活中，许多人的生活方式不是“慢节奏”，而是“快节奏”。他们给自己定下过高甚至不可能实现的目标，为实现目标牺牲了休息时间和兴趣爱好，“流汗又流血，拼劲又拼命”，不惜透支生命和健康，以致使自己处于亚健康状态甚至“过劳死”的边缘。有资料表明，近几年，我国心血管病的发病率急剧上升，特别是中青年冠心病死亡率呈“陡坡”上升趋势。究其原因，生活节奏过快、工作压力过大、生活方式不健康是主要因素。

有位百万富翁为了提前实现他“千万富翁”的理想，天天熬夜加班，忙得不亦乐乎。至于体育锻炼，那是压根儿没有想过的事，甚至有了病，也挤不出时间去看，一心只想着赚钱、赚钱、再赚钱。没想到，他因突发心肌梗死而英年早逝了。还有一位商界朋友在商海中拼搏，成绩非凡，称得上是商界中的一员骁将。他没日没夜地干、干、干，牺牲了休息，牺牲了健康。平时他的上衣口袋、办公室抽屉、汽车手兜里都放着救急药品，结果年方40便得了脑血栓，躺在病床上不得动弹，他深深地感叹道：“无病即大款。”这可以说是肺腑之言。

我们所谓“慢生活”，并不是主张懒汉哲学、故意拖延时间，更不是无所作为、不思进取，而是提倡一种健康的生活方式，科学的工作态度。要求人们淡泊名利，摒弃过分强烈的欲望和不切实际的奋斗目标，减轻自己的心理压力，放慢生活节奏，把休息、体育锻炼和发展兴趣爱好放在重要位置。坚持劳逸结合，有张有弛，保持积极而镇静的情绪，紧张而有秩序的工作。这样看起来是“慢”，实际上却提高了工作效率，赢得了健康和快乐，保证了生命和生活的质量。

人的生命承受能力是有限的，生活节奏过快，以损害健康而换取一时的成绩无异于饮鸩止渴。超负荷劳动，搞“健康透支”等于慢性自杀，必定会以早衰或早逝作为悲惨的代价。美国作家爱默生说：“健康是人生的第一财富。”哲学家叔本华说：“健康的乞丐比有病的国王更幸福。”德国作家哈格多恩说：“唯有健康才是人生。”健康是生命活动的核心，是生活质量的基础、幸福的源泉。放慢节奏，从容生活，是一种对健康高度负责的态度，也是一种对有限的生命资源的有力保护。诚如是，才有可能创造健康的、辉煌的人生。如果我们能掌控生活的速度，知道什么时候可以放下，什么时候要加快脚步，什么时候必须驻足，什么时候又该跃起，我们就不会因为一路快跑追赶而忽略了道路两旁美丽的风景和本该细细品尝的生活百味，也不会因为忘了停下脚步而错过了身旁关怀的眼神和暖暖的爱意。如果，你同意生命中有比急着完成某件事还更重要的事情，就请放慢脚步，倾听内在的声音，顺着它找到最适合自己的生活节奏吧！

需求越少，快乐越多

只有真实的自我才能让人真正地容光焕发，当你只为自己的快乐而活，而不在乎外在的虚荣，快乐幸福感才会润泽你干枯的心灵，就如同雨露滋润干涸的土地。

在人的一生之中，人们都希望自己的生活能够快乐，但是真能做到吗？这可是一个大大的问号。因为现代人被物质财富——好房、名车、高收入、高开销等的欲望折磨得疲惫不堪。其实，物质财富并不像很多人想象的那样重要。事实上，有许许多多的人是在令人难以察觉的绝望状态下生活。这在工业化程度越高的西方国家，情况越为严重。

一项统计显示，在美国社会中，一对夫妻一天当中有 12 分钟时间进行交流和沟通；一周之内父母只有 40 分钟与子女相处；

约有一半的人处于睡眠不足的状态。时间的危机实际上是感情的危机。大家好像每天都在为一些大事疯狂地忙碌，然后疲惫不堪，没有时间顾及其他。大家都在劳动，都在创造，但是，生活真变好了吗？

美国心理学家戴维·迈尔斯和埃德·迪纳已经证明，物质财富是一种低水平的衡量快乐的标准。人们并没有随着物质财富的增加而变得更加快乐。在大多数国家，收入和快乐的相关性是可以忽略不计的。只有在最贫穷的国家里，收入才是适宜的标准。

抛开这些抽象的理论不说，物质财富的进步有时候确实使人们作茧自缚。举一个很简单的例子，电话、传真、电子邮件已经成为许多工作不可缺少的帮手，不过，如果一项工作每天都面对源源不绝的电子信息，就很可能产生“信息疲乏并发症”。许多企业界的经理人和信息业的工作者都抱怨说，每天必须接听的电话和处理电子邮件造成精神上莫大的压力，“信息疲乏并发症”甚至会造成长期失眠，严重影响健康。至于伴随文明发展而来的噪音、污染等问题则更是尽人皆知。

在习惯的支配下，我们对这个嘈杂的世界、混乱的时空没有感到有什么不对劲，也许只有到临终的时候，才会悲哀地发现，自己的一生，原来是这么不快乐。那么快乐是什么？快乐来源于“简单生活”。物质财富只是外在的荣光，真正的快乐来自于发现真实独特的自我并保持宁静的心灵。

有人问：“‘简单生活’是否意味着苦行僧般的清苦生活，辞去待遇优厚的工作，靠微薄存款过活，并清心寡欲？”美国著名心理学家皮鲁克斯说：“这是对‘简单生活’的误解。‘简单生活’意味着‘悠闲’，仅此而已。大额的存款，如果你喜欢，那就不要失去，重要的是要做到收支平衡，不要让金钱给你带来焦虑。”

无论是中产阶级，还是收入微薄的退休工人，都可以生活得尽量悠闲、舒适，在过“简单生活”这一点上，人人平等。

简单，是平息外部无休无止的喧嚣，回归内在自我的唯一途径，当我们为拥有一幢豪华别墅、一辆漂亮小汽车而加班加点地拼命工作，每天晚上在电脑屏幕前疲惫不堪地倒下；为了一次小小的提升，而默默忍受上司苛刻的指责，并一年到头赔尽笑脸；为了无休无止的约会，精心装扮，强颜欢笑，到头来回家面对的只是一个孤独苍白的自己的时候，我们真该问问自己，干吗要这样，它们真那么重要吗？

简单的好处在于：也许你没有位于海滨的华丽别墅，而只是租了一套干净漂亮的公寓，这样你就能节省一大笔钱来做自己喜欢的事，比如旅行，或者是买上早就梦想已久的摄影机。你也用不着在上司面前唯唯诺诺，你自己就是自己的主人，提升并不是唯一能证明自己的方式，很多人从事半日制工作或者是自由职业，这样他们就有更多时间由自己支配。如果你不是那么忙，能推去那些不必要的应酬，你将可以和家人、朋友交谈，分享一个美妙的晚上。我们总是把拥有物质的多少、外表形象的好坏看得过于重要，用金钱、精力和时间换取一种有目共睹的优越生活，却没有察觉自己的内心在一天天地枯萎。

事实上，只有真实的自我才能让人真正地容光焕发，当你只为自己的快乐而活，而不在乎外在的虚荣，快乐幸福感才会润泽你干枯的心灵，就如同雨露滋润干涸的土地。我们需求的物质越少，得到的快乐越多。

第十一章

一路高歌，品尝人生百味

只要为自己的理想努力过、奋斗过，品尝过人生的百味，那就无悔于你的人生。因此在实现梦想的过程中也要有一颗平静的心，留意脚边那一方美景，与朋友交流，即使没有成功，你也会有所收获，至少比那些一心为理想奋斗却最终一无所获、两手空空地离开人世的人要幸福。

有兴趣才会有激情

个人根据稳定的兴趣选择某种职业，兴趣就会变成巨大的个人积极性，促使一个人在职业生活中做出成就。

兴趣是人们力求认识某种事物和从事某项活动的心理倾向。它表现为人们对某件事、某项活动的选择性态度和积极的情绪反应。当兴趣直接指向与职业有关的活动时，就称之为职业兴趣。职业兴趣在人的职业活动中起着重要作用，主要表现为影响人的职业定向和职业选择、开发人的能力、激发人的探索与创造、增强人的职业适应性和稳定性。一个人所从事的工作与其职业兴趣相吻合，能发挥其全部才能的80%~90%，并能长时间地保持高效率的工作而不疲劳；反之，在这方面只能发挥全部才能的20%~30%，还容易感到厌倦和疲劳。由此可见，职业兴趣也影响人在相应职业中的工作绩效。

良好而稳定的兴趣使人从事各种实践活动时，具有高度的自觉性和积极性。个人根据稳定的兴趣选择某种职业，兴趣就会变成巨大的个人积极性，促使一个人在职业生活中做出成就；反之，如果你对所从事的职业不感兴趣，就会影响你积极性的发挥，难以从职业生活中得到心理上的满足，不利于工作上的成就。

很多刚刚参加工作的年轻人整天无精打采，毫无工作与生活的乐趣，他们怨叹工作的不幸和人生的无聊。他们这样悲观的原因主要是因为他们正做着自己不感兴趣的事。还有一些人有不错的学识，但是因为所从事的职业与他们的才能不相配，结果久而久之竟使原有的工作能力都失掉了。由此可见，不称心的职业最容易糟蹋人的精神，使人无法发挥自己的才能。厌烦自己的工作，不情愿地去做的话，将永远都无法成长。

一位商人好不容易把儿子送进了一所有名的重点学校，可是不曾想，他的儿子并不领情，不但不专心学习，而且还经常逃课到附近的一个采石场去玩。时间一长，他不仅对錾削的叮当声感兴趣，更是对石雕着迷，近乎痴狂。商人了解到这一状况后，并未粗暴呵斥、横加阻挠，反而果断地改弦易辙，将儿子转学到一个与石雕技术有关的艺术学校。父亲的这一做法改变了儿子的一生，也成就了一位卓越不凡的雕塑家。

由上面这个案例，我们可以看出：谁都会对某一件事感到兴奋，如果一个人的一生中没有任何一件感兴趣的事，就会感到虽生犹死。有一句话讲得非常有道理——不值得做的事，就不值得做好。况且，把一生都浪费在“不值得做的事”上，本身就是一件最悲哀的事。所以，你的选择应该是：找到值得做的事，并努力把它做好！

罗素说过，他的人生目标就是使“我之所爱为我天职”。也就是说，他要把生活中最感兴趣的作为其终身职业。这的确是个值得效仿的好榜样。要确定你的终生奋斗目标，首先要问问你自己的兴趣所在。所谓兴趣，是指一个人力求认识某种事物或爱好某种活动的心理倾向，这种心理倾向是和一种情感联系着的。“我喜欢做什么？”“我最擅长什么？”一个人如果能根据自己的爱好去选择事业的目标，他的主动性将得到充分发挥。即使十分疲倦和辛劳，也总是兴致勃勃、心情愉快；即使困难重重也绝不灰心丧气，而是想尽办法、百折不挠地去克服它，甚至废寝忘食、如醉如痴。

爱迪生就是个很好的例子。他几乎每天都在实验室里辛苦工作十几个小时，在那里吃饭、睡觉，但他丝毫不以为苦。他宣称："我每天其乐无穷。"难怪他会成功。

很多人往往一时很难弄清楚自己的兴趣所在或擅长什么，这就需要你在实践中善于发现自己、认识自己，不断地了解自己能干什么，不能干什么，如此才能取己所长、避己之短，进而取得成功。

求职者在了解了兴趣与各种职业之间的关系之后，如何完成对自己兴趣的估价是十分重要的。有条件的话，你不妨参加一次标准化兴趣测试，以此来准确把握你的兴趣所在，寻找一份可以满足你兴趣的工作，千万不可迁就一份随便的工作！

你可以通过对自己经历的回顾。在此基础上，将自己的兴趣归于某种兴趣类型，并与相应的职业对比，可以帮助你选择适合自己兴趣的职业。

对于兴趣和各种职业之间的关系，国内学者根据加拿大职业分类词典作了如下分类：

兴趣类型 A：愿与事物打交道——喜欢同具体事物打交道，默默无闻，埋头苦干。相应的职业诸如制图、地质勘探、建筑设计、机械制造、计算机操作、会计、出纳等。

兴趣类型 B：愿与人接触——喜欢同人交往，结交朋友，对销售、公共关系、采访、信息传递一类活动感兴趣。相应的职业如推销员、公关人员、记者、咨询人员、教师、导游、服务员等。

兴趣类型 C：愿干规律性工作——喜欢常规性、重复的、有规则的活动，习惯在预先安排好的程序下工作。相应的职业如图书管理员、文秘、统计、打字、公务员、邮递员、档案管理等。

兴趣类型D：喜欢从事帮助人的工作——乐于助人，试图改善他人状况，帮助他人排忧解难。相应的职业如福利工作、慈善事业、医生、律师、保险业、护士、警察等。

兴趣类型E：愿做领导和组织工作——喜欢掌管一些事情，希望受人尊敬并获得声望，在活动中时常起骨干作用。相应的职业如政治家、企业家、社会活动家、行政管理、学校辅导员等。

兴趣类型F：喜欢研究人的行为——对人的行为举止和心理状态感兴趣，喜欢谈论人的问题。相应的职业如社会学、心理学、人类学、组织行为学、教育学、政治学等方面的研究和调查分析。

兴趣类型G：喜欢钻研科学技术——对分析的、推理的、测试的活动感兴趣，长于理论分析，喜欢独立工作并解决问题，也喜欢通过试验做出新发现。相应的职业如气象学、生物学、天文学、物理学、化学、地质学等研究和实验。

兴趣类型H：喜欢抽象的和创造性的工作——对需要想象力和创造力的工作感兴趣，喜欢独立工作，乐于解决抽象问题，具有探索精神。相应的职业如哲学研究、科技发明、经济分析、文学创作、数理研究等。

兴趣类型I：喜欢操作机器——对运用一定技术、操作各种机械去创造产品或完成任务感兴趣，喜欢使用工具，尤其是大型的马力强的先进机械。相应的职业如飞机、火车、轮船、汽车的驾驶，机械装卸、建筑施工、石油、煤炭的开采等。

兴趣类型J：喜欢具体的工作——希望能很快看到自己的劳动成果，愿从事制作有形产品的工作。相应的职业如室内装饰、时装设计、摄影师、雕刻家、画家、美容美发、烹饪、机械维修、手工制作、证券经纪人等。

兴趣类型K：喜欢表现和变化的工作——对表演、运动、惊险、刺激的事情感兴趣，喜欢经常变动、无规律的但具挑战性的工作。相应的职业如演员、运动员、作曲家、旅行家、探险家、特技人、海员、职业军人、警察等。

一个人能否取得成功，并不完全取决于学历的高低，在很大程度上取决于自己能不能经营好自己的兴趣。成功者正是懂得发现自己的特长，并且将它充分地开发出来，运用智慧好好地经营，久而久之，上苍终于不负厚望，给了他们一个美好的人生。

在选择职业时你更要明白这个道理，你无须考虑这个能不能使你成名，你应该选择最能发挥自己特长的职业，你应该选择最能使你全力以赴的职业，当你做了这样的选择并为之进行不懈努力时，你便会拥有一个美好的明天；而当你任性、固执地为所欲为，非要跟着自己的感觉来选择自己的职业时，也许在前面等待你的将是无边的痛苦深渊。这是因为经营自己的长处会让你的幸福增值。而经营短处只会给自己带来挫败的烦恼与忧愁。

因此，你现在唯一需要做的事情便是：清醒地认识自己，发现自身的优势，把它变成明天成功的基石。

前进的路上别忘欣赏路边的风景

当你在为理想努力前进时，不要忘记路边的景色，欣赏美景并陶冶心灵，让前进的脚步更轻盈。

人生如一条漫长的道路，我们每个人在这条路上都有各自的目标。目标都很远大。虽然道路艰难，使人感到有些疲惫，但当我们向着目标前进时，不要忘记欣赏路边的景色。虽然心在远方，也要留意脚边的景色，当你疲惫时，停下来，细细回味，你会有所收获。

人生的意义不在于是否实现自己的理想。只要为自己的理想努力过、奋斗过，品尝过人生的百味，那就无悔于你的人生。因此在你实现梦想的过程中也要有一颗平静的心，留意脚边那一方美景，与朋友交流，即使没有成功，你也会有所收获，至少比那些一心为理想奋斗但最终一无所获、两手空空地离开人世的人要幸福。

当你在为理想努力前进时，不要忘记路边的景色，欣赏美景并陶冶心灵，让前进的脚步更轻盈；当你在向心中的国度航行时，不要忘记身边的亲人、朋友，是他们的支持使你走得更远；当你在途中感到疲惫时，停下来，看看你手中已收获的美景，你会心有慰藉。

面对生活道路上的荆棘，面对命运的一次次挑战，我们有时会遍体鳞伤，与其一直艰难前行，不如偶尔停下来。

偶尔停下来，是一种享受。夜，月清寒如水，有时又如蒙上一层轻纱，好美。你曾欣赏过吗？阳光雨露，碧水蓝天，曾有多少文人墨客寄物抒情。你曾在乎过吗？花开蝉鸣，叶落雪飘。你曾感觉过吗？朋友，长途跋涉中，何不偶尔停下来呢？

停下，停下来躺在草地上，请接受春的请柬。在光秃秃的树枝上寻找到叶的身影、花的踪迹。它们带你进入夏的门槛；停下来，望望夏夜的星空，接受秋的礼单，它带你追逐冬的步伐；停下来，品尝收获的喜悦，步入一个醇美的世界，这多么美好！享受后，起程，步伐是否会更加有力？

偶尔停下来，是一种需要。当你追逐阳光奔跑时，当你在大海中扬起生活之帆时，时而晴天霹雳，时而风起云涌，时而风雨交加，时而狂风大作，当你一次次倒在命运的脚下，任凭风雨蹂躏，朋友，何不偶尔停下来？

停下来，擦干眼泪，接受阳光的抚摸，迎接风雨的洗礼，让心灵净化；停下来，调整好心态，拍去泥土站起来；停下来，去天的尽头，采一篮娇嫩野花，享受生命之精彩；停下来，去山涧听一听鸟语，感受溪流的快乐。偶然抬头，是否可以发现，你喜欢的花儿开在眼前，阳光更加灿烂？

偶尔停下来，是一种智慧。人生，有许多个十字路口，等待你去选择。面对命运的颠沛，你是否摇摆过？面对所谓人生的道路，你是否迷茫过？面对艰难的抉择，你是否绝望过？面对漫长的守望，你是否曾哭泣过？面对残酷的现实，你是否想过要放手？那么，何不偶尔停下来呢？

停下来是一种享受，是一种需要，是一种智慧，是一种富有哲理的人生态度。在茫茫的人生道路上偶尔停下来，拍一拍身上的泥土，清一清鞋中的沙砾，望一望蓝天，听一听山涧的鸟叫，用轻松快乐的心态去迎接属于自己的美丽人生。

生活需要的是欢笑

尽管生活会给人带来种种烦恼，但重要的是，我们要学会发现和欣赏生活中的美。只有经历过风雨的洗礼，生命才更美丽，才更能显示出它宝贵而华美的价值。

生活就像一场戏，剧情时而跌宕起伏，时而舒缓平静，时而狂风暴雨，时而风平浪静，时而道路平坦，时而崎岖艰险。在你的一生中，不可能是一帆风顺的，当你遇到困难、挫折的时候，你要直面人生，你要告诫自己，生活需要的是欢笑，而不是叹息，一切挫折、失败，都是对自己的一种考验——对自己的生命活力的考验。

生活赠予我们的，是许多实实在在的丰富意蕴，只要努力了，奋斗的过程远比成功更耐读、更灿烂、更富有激情。在痛苦中企求被救，是懦弱者的表现，一味沉醉在昨天伤心的回忆里，生活将是苍白无力的。

人生碌碌，岁月匆匆，不过短短几十春秋。于沉思中追寻人生的真谛，人生究竟变成什么才是完美结局？我们最渴望的是什么？最值得留念的是什么？最珍贵的在哪里？最痛恨的又是谁？要知道人生如东流逝水，在短短的人生之旅中，懂得拥有并珍惜，这就是快乐美丽的人生。

尽管生活会给人带来种种烦恼，但重要的是，我们要学会发现和欣赏生活中的美。只有经历过风雨的洗礼，生命才更美丽，才更能显示出它的宝贵而华美的价值。

生活本身是很简单的，快乐也很简单，是人们自己把它们想得复杂了，或者人们自己太复杂了，所以往往感受不到简单的快乐。懂得从生活中找到乐趣，才会觉得生命充满快乐。失落的时候，拥有良好的心态比什么都重要。不能调整心态，你永远都会有烦恼。

有这样一个传说：

有一对年轻夫妻，无意间各自得到了一瓶神水，据说每年喝上一小口，就会永葆青春。夫妻俩自然激动异常，回家后，小心翼翼地将那瓶神水放入柜中，只是远远地欣赏它，舍不得尝一小口。一年后，妻子生下了一个宝贝儿子，丈夫马上想到了神水，妻子正是需要它的时候啊！

由于喜悦，丈夫竟在慌乱中打翻了那瓶神水，随着瓶子的碎裂，神水迅速地满地四溢，消失得无影无踪。

上帝啊！我怎么犯了这么个错误？真是不可饶恕啊！丈夫万分懊恼。他想，此事千万不能告诉妻子，于是找到了一只同样的瓶子，装上了一瓶普通的水。

妻子喝下一口后，惊叹道：“噢，简直太好了，我的心都年轻了10岁！”

其后的日子里，妻子开始有一些发胖，原来纤细的腰肢渐渐像水桶的模样了，但那时没有镜子，妻子一点也没察觉。那不能怪她，因为喝的并不是神水，丈夫心想。他时常赞美妻子：“你还是像小姑娘一样年轻漂亮！”

妻子听了非常高兴：“是吗，亲爱的？”随后，便像姑娘般红着脸亲吻丈夫。

一天，勤劳的丈夫病倒了，妻子马上想到了那瓶神水，她要用那瓶神奇之水去挽救丈夫，让他健康得像小伙子似的。也许是由于太关爱丈夫了吧，她在紧张中也打碎了那只神水瓶。

糟糕！我太不小心了，怎么能出现如此严重的失误呢？这可关系到丈夫的生命和青春啊！她显得非常沮丧，但不能告诉他，她在心里说，让我说一次善意的谎言吧。妻子找来一只一模一样的瓶子，迅速地装上普通的水，递到丈夫的嘴边：“喝吧，喝了它，你的病就会好的，而且还会像小伙子一样年轻！”是的，丈夫喝下一小口，他感觉好多了，并问妻子：“你看我年轻了吗？”妻子当然回答：“啊！简直太神奇了，你又变成了小伙子模样！”妻子虽然看见了丈夫鬓边的几根白发，却依然由衷地赞美着。

丈夫为了让妻子高兴，也呵呵地笑了起来，觉得心真得变年轻了。

日月如梭，几度春秋，几个孩子都长大了，成家了，生子了。虽然他们俩都知道对方变老了，脸上有了皱纹，白发早已替代了满头乌发，但他们都彼此隐瞒着，不把已苍老的信息传递给对方。

他们每日里仍然像年轻人一样欢笑、跳舞、歌唱，像年轻人一样精力充沛、健步如飞。一天，他们来到了一潭春水旁。水中的倒影是两位白发苍苍、脸如树皮的老者。两位不禁怔住，随即不约而同地哈哈大笑起来，互相倾诉了埋藏多年的秘密。

这时，神来了，告诉他们，如果想年轻，只要跳到水里泡一泡就行了。他们谢绝了神的好意，说："只要我们的心永远年轻就行了。"

是的，生活中最不能缺少的就是要有一颗永远年轻的心。心若苍老，会对一切都无动于衷，面对眼前五颜六色的彩虹，面对充满诗意的花前月下，面对着无限的商机，也会熟视无睹、置若罔闻。如果能用积极的心态看世界，那么，你就会永远年轻，永远充满活力。所谓的神水，就是那颗年轻的心。

人生因勤奋而辉煌

思想因勤奋而深邃，知识因勤奋而丰富，能力因勤奋而提高，果实因勤奋而甜蜜，身体因勤奋而健壮，目标因勤奋而接近，生活因勤奋而美好，人生因勤奋而辉煌。

人生的许多理想、目标、规划、希望、追求，因为拖延和懒惰而变得遥遥无期，无法实现。如果我们认真地思考一下，就会发现，世间的一切美好生活，人生的一切光辉灿烂，无一不是在勤奋地努力、不懈地劳作下，渐渐地变成了现实。《颜氏家训》中言道："天下事以难而废者十之一，以惰而废者十之九。"诗人海涅说："人们在那里高谈阔论着天启和灵感之类的东西，而我却像首饰匠打金锁链那样精心地劳动着，把一个个小环非常合适地连接起来。"

生活中无论大事小事，无一不是在勤奋中实现，在懒惰中荒废。不努力学习，就不可能拥有知识和能力；不努力工作，就不可能拥有财富和乐趣；懒得洗漱，就不可能拥有整洁和清爽；懒得动腿，就不可能领略自然界的美妙和神奇；不去交流，就不可能得到朋友和友情；不去努力，就不可能获得成功；不去前行，就只能原地踏步；不去思考，就永远不可能成熟。有时候，我们总是在赞叹别人的成功，别人的风光，别人的富有，而自己却懒得行动、不肯付出，到头来，生活还是那样。“临渊羡鱼，不如退而结网”。只要行动，只要努力，总是会有收获的。如果只是幻想，而懒得实践，就只能是“南柯一梦”，空欢喜。

积累因勤奋而增加，资本因懒惰而贬值。敏锐的目光因懒惰而变得呆滞，智慧的大脑因懒惰而变得空白，健壮的肌体因懒惰而变得虚弱，旺盛的精力因懒惰而变得萎靡，伶俐的口齿因懒惰而变得笨拙，精湛的技艺因懒惰而变得落伍，脚下的道路因懒惰而无法延伸，理想的彼岸因懒惰而无法到达。相反，思想因勤奋而深邃，知识因勤奋而丰富，能力因勤奋而提高，果实因勤奋而甜蜜，身体因勤奋而健壮，目标因勤奋而接近，生活因勤奋而美好，人生因勤奋而辉煌。

“圣人是肯下功夫的庸人，庸人是不肯下功夫的圣人”。对任何事情，我们首先要去做，要去下功夫。至于成不成，好不好，效果如何，有时是很难说的。如果我们做不好大事，那就去做小事，就像我们没有能力去攀登珠穆朗玛峰，那就去攀登黄山、泰山或是其他山峰，但无论如何，我们一定要行动。“守株待兔”是愚人的做法，我们总不能饿着肚子，傻瓜似的坐在那里，白白地消耗生命，甚至懒得转动一下脖子上的大饼而活活饿死。印度有句格言说得好：“永远勤奋的人，命运一定倍加垂青。”

对一个年过花甲的人再谈“珍惜工作就是珍惜生命”的理论似乎显得有些肤浅，但对一个刚刚从大学毕业或涉世不深的年轻人来说，却是一个非常必要和至关重要的话题。因为人们面对命运，不外乎两种色彩：一是拜倒于命运之下，一是凌驾于命运之上，从古至今概莫能外，这完全取决于你工作的业绩。所以说，无论你是政界领袖、商界骄子还是军事统帅、学术巨擘，无论你是文化精英、艺术巨匠还是娱乐明星、宗教名流，每个人都需要一份工作，因为几乎所有完成伟业的人，没有一个是不经过努力工作而获得成功的。那么，如何才能获得工作、珍惜工作、努力工作并从中获益受利，这是人生万里长征的第一步，甚至是举足轻重的第一步。

仁者见仁，智者见智。对待工作如此，对待生活也是如此，人生匆匆，生命短暂，每一个人所从事的一切活动都将在有限的时空里凸现。工作的质量往往决定你是虚度时光还是充满意义。一个人的生命空间一旦盈满，他的生命就会自然完结，从这个意义上说，珍惜工作就是珍惜生命，我们在这里可以列出无数伟人对工作的态度来帮助我们加深对工作与人生的理解，如庄周说："人生天地之间，若白驹之过隙，忽然而已。"富兰克林说："你追求工作，不是工作追求你。"爱迪生说："我的人生哲学就是工作。"高尔基说："工作是一种乐趣时，生活是一种享受，工作是一种义务时，生活是一种苦役。"

在现实生活中，很多人在幸福逝去时才懊悔自己当初没有好好珍惜，正如当自己被裁员与失业后才懊悔当初没有好好把握一样。要珍惜眼前的工作而不是沉醉于对往事的回忆，重要的是把握此刻所拥有的机遇与工作。

抛开自卑，让心情放飞

试着接近你认为比你强的人，你会发现他不过如此；试着做你不敢尝试的事，你会发现原来你也很优秀……

自卑是一种消极的自我评价或自我意识。一个自卑的人往往过低评价自己的形象、能力和品质，总是拿自己的弱点和别人的强项比，觉得自己事事不如人，在众人前自惭形秽，从而丧失自信、悲观失望、不思进取，甚至沉沦。

自卑的人，大脑皮层长期处于抑制状态，而绝少有欢乐和愉快的良性刺激转换，中枢系统处于麻木状态，体内各个器官的生理功能得不到充分的调动，无法发挥它们应有的作用；同时内分泌系统的功能也因此而失去常态，有害的激素随之分泌增多；免疫系统功能下降，抗病能力也随之下降，从而使人的生理过程发生改变，出现各种病症，如头痛、乏力、焦虑，反应迟钝、记忆力减退、食欲不振、白发早生、面容憔悴，皮肤多皱、牙齿松动等征兆。也就是说，自卑这种不利于健康的有害心理，会使你在人生路上常走下坡路，而且还会加速衰老进程。

自卑感产生的原因也是多种多样的，但主要的原因是以下两个。

第一，自我认识不足，过低估计自己。

个人总是以他人为镜来认识自己，也就是说人们总是根据他人对自己的评价和自己与他人比较来认识自己的长短优劣。如果他人对自己做了较低的评价，特别是较有权威的人的评价，就会影响自己对自己的认识，自己也低估自己。心理学家发现，性格较内向的人，多愿意接受别人低估评价而不愿接受别人的高估评价。在与他人比较的过程中，性格内向的人，也多半喜欢拿自己的短处与他人的长处比，当然越比越觉得自己不如人，越比越泄气，就会产生自卑感。

每个人面临一种新局面时，首先都会自我衡量是否有能力应付。性格内向的人因为自我认识不足，常觉得“我不行”，由于事先有这样一种消极的自我暗示，就会抑制自信心，增加紧张感，产生心理负担，在学习和交往中，就不敢放开手脚，就会限制能力的发挥，工作效果必然不佳。这种结果又会形成一种消极的反馈作用，影响到以后的行为，也无形地印证了自卑者消极的自我认识，使自卑感成为一种固定的消极自我暗示，从而造成一种恶性循环，使自卑感进一步加重。

第二，挫折的影响。

人们在遭受挫折后，可能会产生各种反应，或反抗，或妥协，或固执。有的人在遭受某种挫折后，就会变得消极悲观，特别是性格内向的人，由于神经过敏的感受性高而耐受性低，稍微受挫就会给予他沉重的打击，使他变得自卑。

在这个世界上，有许多事情是我们所难以预料的。我们不能控制机遇，却可以掌握自己；我们无法预知未来，却可以把握现在；我们不知道自己的生命到底有多长，但我们却可以安排好现在的生活；我们左右不了变化无常的天气，却可以调整自己的心情。每天给自己一个希望，让自己的心情放飞，不知不觉中自卑也就随风而去。

自卑是一种影响心理健康的情绪，它是成功的敌人，是生命的绞索，似阴影般遮蔽了阳光与鲜花，也遮住了我们的心灵。它使我们变得胆怯、虚弱，也使我们的生命脆弱如一张纸，经不住生活的风雨。抛开自卑吧！因为它最终会吞噬我们的生命。

心理医生认为，自卑是一种消极的不良情绪，是导致心理障碍的一种情感因素。自卑心理较强的人往往会因缺乏自信而表现出不愿与人沟通，终日郁郁寡欢，消极沉闷，甚至会消化不良、失眠，最终导致精神分裂。

有些人因为生理上某些缺陷而产生自卑，还有些人因为家庭背景或社会地位的差异产生自卑。

湖南有一位大学生，毕业后被分配在一个偏远闭塞的小镇任教。看着昔日的同窗有的分配到大城市，有的分配到大企业，有的投身商海，而他充满梦想的象牙塔坍塌了，残酷的现实，使他好似从天堂掉进了地狱。自卑和不平衡感油然而生，从此不愿与同学或朋友见面，不参加公开的社交活动。为了改变自己的现实处境，他寄希望于报考研究生，并将此看作唯一的出路。但是，强烈的自卑与自尊交织的心理让他无法平静，在路上或商店偶然遇到一个同学，都会好几天无法安心，他痛苦极了。为了考试，为了将来，他每每端起书本，却又因极度厌倦而毫无成效。据他自己说："一看到书就头疼。一个英语单词记不住两分钟。读完一篇文章，头脑仍是一片空白。最后连一些学过的常识也记不住了。我的智力已经不行了，这可恶的环境让我无法安心，我恨我自己，我恨每一个人。"几次失败以后他停止努力，荒废了事业，当年的同学再遇到他，因过度酗酒，同学几乎都认不出他了。他彻底崩溃了，短短的几年却终结了他的一生。

自卑虽然只是一种情绪，但它却具有极大的破坏力，一旦我们染上它并主动放弃我们的努力，它就会像指挥木偶一样操纵着我们，使我们生活在痛苦中。一切盲目的挣扎与哀鸣都不会将它驱除，它将一步步蚕食我们的健康。

治疗自卑最好的办法就是——建立自信心，除此没有更好的方法帮助你克服它。试着接近你认为比你强的人，你会发现他不过如此；试着做你不敢尝试的事，你会发现原来你也很优秀；试着用一种开朗的方法来改变自己的生活，你会觉得以前的你是那么愚蠢可笑。

在滚滚红尘中，生命有如沧海一粟，不要让自卑占据你整个心灵。拒绝自卑吧！时常提醒自己"天生我才必有用"，生活不会也不可能永远将你遗忘。

拒绝空虚，让生活充实起来

空虚就像盘附在人心灵上的毒蛇，它会直接吞噬一个人的精神，使人无精打采，犹如多日不加以灌溉的花朵而变得蔫蔫的。

常听到人说：真无聊啊！郁闷！没劲！我们的人生难道真的就那样无可救药、无聊空虚吗？我们有什么有意义的事情可以做吗？争名夺利为积极上进，尔虞我诈为权谋智慧，擅长谎言与欺骗者洋洋自得，喝酒、放荡、纵肆，以为是潇洒，挥霍无度、浪费物质，以为是光荣。世界，颠倒了，人心，混乱了，不知何为对何为错。稍微存点善念的，惶惑不知该何去何从，被人指为幼稚、傻、缺心眼。古人说：吃亏是福。我们百思不得其解，为什么？为什么吃亏是福？做点好事，常常自责自悔，我是不是又傻了，又吃亏了？

颓废和迷茫是生活的恶魔，它已经成为现代人心中的一个挥之不去的阴影，毒害着人们的心灵。情绪变化无常，内心时常被莫名其妙的忧郁和空虚占据。一方面，我们清楚地知道这并不是自己想要的生活，但另一方面，我们又不知道如何才能充实、快乐地生活。

从心理学角度来说，空虚是人心理上的一种感受，是指人生活在一种无滋无味、得过且过的迷茫状态。而某些人之所以处于空虚状态，往往都是因为平时找不到生活的真正意义所在，也体会不到学习和生活的乐趣所在，以致整日只能被动、机械地生活，进而使自己陷入无意义、无味道的空虚生活之中。

空虚就像盘附在人心灵上的毒蛇，它会直接吞噬一个人的精神，使人无精打采，犹如多日不加以灌溉的花朵而变得蔫蔫的。更可怕的是，空虚会耗费一个人的精力，消磨一个人的意志，浪费一个人宝贵的青春时光。甚至一个人随着空虚感的肆意扩张，还可能失去生命，最终走上自毁之路。

那么，人们应该如何拒绝空虚呢？

首先，人们都应该给自己制订好短期与长期的生活及学习规划与目标，有了规划与目标，在一定学习压力与动力下，一个人的生活就会变得充实起来，就不容易陷入空虚。

其次，人们要提高自我节制能力。一个人如果欲望太强、太多，而一旦欲望得不到满足，就容易满腹郁闷，丧失斗志，对生活提不起精神，进而陷入茫然的空虚状态。因此，学会节制欲望、调节欲望，并使欲望与自己实际能力一致，这是拒绝空虚的一个好办法。

再次，人们应该拥有一种“不以物喜、不以物悲”的阳光心态。不管自己的外在“环境”是什么状况，只要能以阳光的心态去分析事情，去看待世界，那么个人的心情也会达到一种快乐的充实感，空虚之感自然就无机可乘了。

别拿借口做挡箭牌

失败也罢，做错了也罢，再美妙的借口对事情的改变没有任何作用！还不如仔细去想一想下一步究竟该怎样去做。

借口是失败的温床，而习惯性的拖延者通常是制造借口与托词的专家。他们经常会为没有做成某些事而去想方设法寻找借口，或想出各种各样的理由为任务未能按计划完成而辩解。“这项工作太困难了。”“我不是故意的。”“我太忙了，忘了还有这样一件事。”“老板规定的完成期限太紧。”“本来不会是这样的，都怪……”等。

可以说，找借口是世界上最容易办到的事情之一，只要你存心拖延、逃避，你总能找出足够多的理由。因为把“事情太困难、太复杂、太花时间”等种种理由合理化，要比相信“只要我们更努力、更聪明，信心更强，就能完成任何事情”，进而通过努力去获得成功要容易得多。

找借口是一种不好的习惯。在遇到问题后不是积极、主动地去想方法加以解决，而是千方百计地寻找借口，你的工作就会变得越来越拖沓，更不用说什么高效率。借口变成了一块挡箭牌，一旦什么事情办砸了，就总能找出一些看似合理的借口来安慰自己，同时也以此去换得他人的理解和原谅。找到借口只是为了把自己的失败或过失掩盖掉，暂时人为地制造一个安全的角落。但长期这样下去，借口就会变成一种习惯，就会成为失败的温床，人就会疏于努力，不再想方设法争取成功了。

现实工作中不知有多少人把自己宝贵的时间和精力放在了如何寻找一个合适的借口上，而忘记了自己应尽的职责！可以这么说，喜欢为自己的失败找借口的员工肯定是不努力工作的员工，至少，他没有端正他的工作态度。他们找出种种借口来掩饰失败，欺骗公司，他们不是一个诚实的人，也不是一个负责任的人。这样的人，在公司中肯定不是一个称职的好员工，也绝不可能是公司可以信任的好员工，也由此很难得到大家的信赖和尊重。无数人就是因为养成了轻视工作、马虎拖延、惯于找借口的习惯，以致一生处于社会或公司的底层，不能出人头地，获得成功。

借口是对惰性的纵容。每当要准备工作时或要做出抉择时，总要找出一些适当的借口来安慰自己，总想让自己轻松些、舒服些。也许很多人都有这样的经历：每当清晨闹钟将你从睡梦中惊醒后，心里想着该起床上班了，但同时却又感受着被窝的温暖，所以常常会一边不断地对自己说该起床了，同时一边又会不断地给自己寻找借口："没关系，今天不急，再躺一会儿。"于是又躺了5分钟，10分钟……

所以在工作中，千万不要找借口，不要把过多的时间和精力花费在寻找借口上。失败也罢，做错了也罢，再美妙的借口对事情的改变没有任何作用！还不如仔细去想一想下一步究竟该怎样去做。

在实际的工作中，我们每一个人都应当贯彻这种"没有任何借口"的思想。工作中，只要多花时间去寻找解决方案，反复试验，调整平和的心态，多做实事，相信总可以找到解决的方法。

那些把"没有任何借口"作为自己行为准则的人，他们拥有一种毫不畏惧的决心、坚强的毅力、完美的执行力及在限定时间内把握每一分、每一秒去完成任何一项任务的信心和信念。因为借口只是失败的温床，工作中没有借口，人生中没有借口，失败没有借口，成功也不属于那些寻找借口的人！所以我们要学会给自己加码，始终以行动为见证，而不是编一些花言巧语为自己开脱。哪里有困难，哪里有需要，我们就要义无反顾地努力拼搏，直抵成功。

有些人失败了总是为自己找借口，却从不寻找失败的原因，也不吸取失败的教训，以至于下一次同样会失败。我们常常会听到某某说："都是因为他！都是因为这个！"事情做砸了，总把责任推给别人或者责怪条件不足，却从没有想过用什么方法来解决问题。其实，方法总比问题多，有问题就有方法，用对方法才会把事情做成功。

一群人在大海里划船，迷路了。狂风大起，每个人的生命都在风雨中飘摇。在这些人当中，有两个人知道正确的方向，应该向西。

第一个人马上说出了自己的想法，态度很坚决。但是除了这两个人，其他所有的人都误认为应该向东。在生命最危急的时刻，大家都乱了套，都不相信这个人的意见。另外一个知道方向的人保持沉默。于是，第一个人就和其他人争执起来，最后的结果是这个人被失去理智的众人扔进了大海。

船继续在大海里向东航行。另外一个知道方向的人也假装认为应该向东，因为如果不这样做，他的命运会和第一个人一样，葬身大海。

但是，他必须想一个办法矫正船的方向，否则也将是死路一条。于是，这个人就和其他人搞好关系，慢慢地取得大家的信任。他提出由他来掌舵，理由是他曾经是水手，有过这方面的经验。大家同意了。

船继续向东航行，但是，这个人在船每走一段路时就把方向稍微调整一点，大家都觉察不出来。在船兜了一大圈之后方向变到了朝西方，最终，大家在不知不觉中到达了西面的陆地。这个时候，这个人才慢慢地告诉大家真相，大家把他当作救命恩人。

这就是方法的重要性，第一个人由于太死板，结果只能葬身大海。第二个人灵活地运用了方法，成了大家的救命恩人。凡事找借口永远是失败者，凡事找方法永远是成功者！

像拥抱幸福一样拥抱苦难

在追求成功的道路上，我们要能够忍耐从肉体到精神上的全面磨炼，之后才能获得成功。依靠忍耐，许多困难都能克服，甚至许多原本已经无望的事情都可以起死回生。

世间人常说的一句话是：逆境出人才。人们最出色的工作往往是在处于逆境的情况下做出的。逆境是对人生的一种考验，是对人生的一种磨炼。

逆境，对弱者是一种打击，对强者却是一种激励。逆境之所以出人才，是因为人能够正视生活中的种种困难，有迎难而上的精神，有坚持不懈的意志。逆境是块磨刀石，它能磨砺出奋发向上的意志和百折不挠的精神。逆境是一所学校，人能在这里学到丰富的人生知识。

很多人刚开始满怀信心地踏上人生大道，但是只要一遇逆境就很自然地向后转，情况好点的就留在原地踏步，只有极少数的人能突破瓶颈，过关斩将，他们才是真正的英雄好汉。所以，我们要乐于迎接人生中的每一个逆境。

在追求成功的道路上，我们要能够忍耐从肉体到精神上的全面磨炼，之后才能获得成功。依靠忍耐，许多困难都能克服，甚至许多原本已经无望的事情都可以起死回生。像拥抱幸福一样拥抱苦难吧，我们的人生会更精彩！

一个屡屡失意的年轻人千里迢迢来到普济寺，慕名寻到老僧释圆，他沮丧地对释圆说："像我这样屡屡失意的人，活着也是苟且，有什么用呢？"

释圆如入定般坐着，静静听着这位年轻人的叹息和絮叨，什么也不说，只是吩咐小和尚说："施主远途而来，烧一壶温水送过来。"

小和尚送来了一壶温水，释圆抓了一把茶叶放进杯子里，然后用温水沏了，放在年轻人面前的茶几上，微微一笑说："施主，请用些茶。"

年轻人俯首看看杯子，只见杯子里微微地飘出几缕水汽，那些茶叶静静地浮着。年轻人不解地询问释圆说："贵寺怎么用温水冲茶？”

释圆微笑不语，只是示意年轻人说：“施主请用茶吧。”

年轻人只好端起杯子，轻轻呷了两口。释圆说：“请问施主，这茶可香？”

年轻人又呷了两口，细细品了又品，摇摇头说：“这是什么茶？一点茶香也没有呀。”

释圆笑笑说：“这是闽浙的名茶铁观音啊，怎么会没有茶香？”

年轻人听说是上乘的铁观音，又忙端起杯子吹开浮着的茶叶，呷了两口，又再三细细品味，还是放下杯子肯定地说：“真的没有一丝茶香。”

释圆微微一笑，吩咐门外的小和尚说：“再去膳房烧一壶沸水送过来。”不一会，小和尚便提来一壶壶嘴吱吱吐着浓浓白气的沸水进来，释圆起身，又取一个杯子，撮了把茶叶放进去，稍稍朝杯子里注了些沸水，放在年轻人面前的茶几上。

年轻人俯首去看杯子里的茶，只见那些茶叶在杯子里上上下下地沉浮，随着茶叶的沉浮，一丝细微的清香便从杯子里袅袅地溢出来。嗅着那清清的茶香，年轻人禁不住欲去端那杯子，释圆微微一笑说：“施主稍候。”说着便提起水壶朝杯子里又注了一缕沸水。

年轻人再俯首看杯子，见那些茶叶上上下下沉沉浮浮得更杂乱了。同时，一缕更醇、更醉人的茶香袅袅地升腾出杯子，在禅房里轻轻地弥漫着。释圆如是地注了五次水，杯子终于满了，那绿绿的一杯茶水，沁得满屋津津生香。

释圆笑着问道：“施主可知道同是铁观音却为什么茶味迥异吗？”

年轻人思忖说：“一杯用温水冲沏，一杯用沸水冲沏，用水不同吧。”

释圆笑笑说：“用水不同，则茶叶的沉浮就不同。用温水沏的茶，茶叶就轻轻地浮在水之上，没有沉浮，茶叶怎么会散发它的清香呢？而用沸水冲沏的茶，冲沏了一次又一次，茶叶沉了又浮，浮了又沉，沉沉浮浮，茶叶就释出了它春雨的清幽，夏阳的炽烈，秋风的醇厚，冬霜的清冽。世间芸芸众生，又何尝不是茶呢？那些不经风雨的人，平平静静生活，就像温水沏的淡茶平静地悬浮着，弥漫不出他们生命和智慧的清香，而那些栉风沐雨饱经沧桑的人，坎坷和不幸一次又一次袭击他们，就像被沸水沏了一次又一次的酽茶，他们在风风雨雨的岁月中沉沉浮浮，于是像沸水一次次冲沏的茶一样溢出了他们生命的脉脉清香。”年轻人听后恍然大悟。

是的，浮生若茶。我们何尝不是一撮生命的清茶？而命运又何尝不是一壶温水或炽烈的沸水呢？茶叶因沸水才释放出深蕴的清香，生命也只有遭遇一次次挫折，才能沉淀下人生的幽香。

嫉妒是一剂毒药

任何人都有不如别人的地方，当别人在某些方面超过自己的时候，我们可以想想自己比他强的地方，这样会使自己失衡的心理逐渐平衡。

莎士比亚说：“你要留心嫉妒啊，那是一个绿色的妖魔！”可以说，嫉妒这个玩意儿，是一个十分有害的东西，是一剂毒药。这毒药不仅会毒到被嫉妒者，最终受毒害最深的其实是嫉妒者本人。

世界上只有弱者、失败者或自叹不如人者才嫉妒。所以说，嫉妒绝对不是一种积极的心态。嫉妒的人不能容忍别人的快乐与优秀，会用各种手段去破坏别人的幸福与成功。有的挖空心思采用流言蜚语进行中伤，有的采取卑劣手段想方设法摧毁对方。这种人自卑、阴暗，享受不到阳光的美好，体会不到人生的乐趣，永远生活在黑暗的世界。

嫉妒的人往往心胸狭窄、缺乏修养。这些人常常会因为看似一些微不足道的小事而产生嫉妒心理，别人的哪怕一点点比他强的地方都会成为他嫉妒的缘由。甚至会把自己的嫉妒心理转化成消极的嫉妒行为，从而严重地破坏人际关系。嫉妒有时候表现得让人匪夷所思，比如看见别人长了个六指，他也会嫉妒，并且埋怨自己的爹娘当初没有为自己也造这么一指。嫉妒是一种比较复杂的心理状态。嫉妒的人表现出焦虑、恐惧、悲哀、猜疑、羞耻、自咎、消沉、憎恨、敌意、怨恨、报复等不愉快情绪。别人天生的身材、容貌、聪明、才智，都会不小心成为他嫉妒的对象；别人的地位、荣誉、成就、财富、威望等有关社会评价的内容，也都容易成为他嫉妒的目标。

嫉妒是人性的弱点。它在相当普遍的范围内存在，不仅工作环境里有，就连至亲的两口子也存在嫉妒。有人对此片面地解释为“有嫉妒才有爱情”，其实，这个逆定理不一定成立。生活中，有这样的事情：有些女人对她的丈夫嫉妒得要命，却未必就爱得要命。这只能解释为嫉妒实际是一种和爱情一样浓烈的感情，这种感情就是没有理智，不论是非，爱就爱它个神魂颠倒，嫉妒起来也同样嫉妒得神魂颠倒。所以有人说，世界上有两种人不可救药，一是正在恋爱的人，一是心怀嫉妒的人。好像秤砣掉到泥坑里，不但永远露不出来，而且越陷越深。当然，在一个家庭里，不嫉妒和过分嫉妒，都不是正常的心态。过分嫉妒，绝对是爱情的毒药，而一点也不嫉妒，这样的家庭也让人担心。

嫉妒带来的直接后果是产生偏激心理，从怨恨别人、诋毁别人，又到中伤别人。使用这些手段的目的，是以此寻求自己心理的平衡。但由于这些人总是生活在黑暗的世界，结果便是由心灵的疾病转化为躯体的不良反应，今天这儿不舒服，明天那儿不得劲，七病八疾，不请自到。所以说，嫉妒实在是摧毁人性和健康的毒药。

祛除和克服嫉妒也不是没有办法，以下四条大概有些用处：一是培养自己更加广泛的兴趣。此举在于刻意转移自己的注意力，当你有很多的事情要做的时候，就无暇去顾及并嫉妒别人了，因此，要积极地参与各种有益的活动，努力学习，勤奋工作，让自己充实起来，你的人生将变得多彩。二是给自己找一个宽慰的理由。为了缓解自己的失败或技不如人带来的心理上的不平衡，可以为自己找点理由，比如说，那样做未必有什么价值，我会努力再做得好一些等。三是看到自己的长处。一个人在嫉妒时，总是盯着别人的优点，却忽略了自己比别人强的地方。其实，任何人都有不如别人的地方，当别人在某些方面超过自己的时候，我们可以想想自己比他强的地方，这样会使自己失衡的心理逐渐平衡。四是转化为动力。要搞清楚嫉妒的消极因素，然后努力地将这个消极因素转化成积极的动力。变嫉妒别人的成功为对别人成功的祝福，然后下决心赶上和超过别人，这便是积极的心态。

第十二章

荆棘路上，别忘微笑

生活是一面镜子，你冲它微笑，它也冲你微笑；你冲它发怒，把它击碎，那么你也只会看到那个支离破碎的自己。而困境恰恰又是生活的一种形式，所以面对困境也应该微笑，这个微笑不是没有意义的微笑，而是对自己的一种鼓励，一种自信。只有敢于面对生活、敢于面对困境的人，才是命运的掌控者。

人生从没有过“谷”

如果心毁在了谷底，只顾捶胸顿足、怨天尤人甚至逃避责任，只能埋葬在山谷不见天日的泥土里，腐烂，消失。

乐观的人生，永远都不会有真正意义的绝境。甜也好，苦也罢，尝出点滋味，人生就有意义。

曾经听说过这样一个故事：

一位旅人，某日行至险峻山道，不慎失足跌下山崖，空谷山风刮耳而过，求生的本能让他抓住了一根悬于崖壁的枯藤，幸免于糊涂摔死。正当他惊魂未定之际，天哪，顶上一只硕大的山鼠正在啃噬那一根救命藤，底下是一片“深不知几千几万米”的漆黑，恐惧让他闭上了眼。但他是个勇敢的旅人，从小受过最优秀的训练，恐惧只是在一瞬间袭过他的全身，紧接着他便开始正视自己的处境，环顾四周，无处落脚。他想：对一个钟情于山水的人来说，这未尝不是一个好的归宿，至少人生的最后一刻也活得相当刺激，而奔波一生所求的也不过于此。如此，他便悠然起来，甚至对旁边一株红得亮丽妖艳、几乎与他的窘迫境况形成反讽的野莓产生了兴趣。“将死而尚有美味可餐，岂不快哉！”就在他准备品尝这人生最后的滋味时，奇迹竟然出现了：伸手间，蓬松的野莓枝叶下，一块足以立身的山石突兀而出。

很多时候，人并没有陷入绝境，自断其路的是我们悲观的心。古人云：“人生不满百，常怀千岁忧。”可见，人是自烦自扰的动物。假如我们像那位旅人一样，能够适时适地换一种想法：“人生无非几十年，有花堪折直须折”，好一种人生境界，潇潇洒洒来去无牵挂！不然的话，就反过来再换一种想法：“人生无非几十年，赤膊拼将阎罗去”，则又是另一种的壮烈慷慨，活得酣畅淋漓。

也许，山谷与山峰曾经在同一高度。撕心的沮丧粉碎了它的脊梁，裂肺的绝望折断了它的臂膀，胸膛一次次地被无望涨破，山峰陷了。可悲地向失败乞讨来一个“底”字，向上望着，望着，羞耻地将自己叫作谷底。

乌江染红的霸王血，熔化了断石分金的宝剑，血气弥漫的山谷用震耳欲聋的声响一遍遍怒吼着苍天不公的愤懑。他输了，一代枭雄，虞姬在他身边歌舞着香消玉殒，青白色的乌骓马听着四面楚歌倒在营帐外。他输了，输给死也不能输的刘邦。他战无不胜的戎马一生，这唯一的一次失败，让他怕了，怕身边低声哭泣的八千亡灵，怕周围饮血食肉的二十万厉鬼，甚至怕江东那比江水还凄冷的同情，怕他的霸王之命丧于敌军剑下。剑光一闪，那唯一一条渡船的木桨应声断裂，他裹着“无颜见江东父老”的千古绝唱纵身一跃，跌进了自己设想的山谷，永远没有再站出来。

看惯了西楚霸王的英武张扬，而有一个人面黄肌瘦，虽是中山靖王后裔，贵为皇族宗亲，但全无王者之气，只凭着垂手下膝的异容稍稍与众不同。官渡一役，曹操大破袁绍，势力弱小的他偷袭许都失手，只得仓促逃往荆州投奔刘表。屈居新野小郡的皇叔一时间顿感失落哀伤，一个巨大的山谷横亘在瘦弱的他的面前，于是经常寄人篱下的他几经波折，也难成气候。其实，谁又相信他能成气候呢？

可这曾经的草鞋小贩却在人生最谷底的位置上，开始着自己新的起点，皆因为他胸怀兼济天下的宏伟抱负。于是，他躬亲南阳，三顾茅庐，请得卧龙出山。虽不久后再次败逃江夏，可至此之后，借孔明运筹帷幄之智，关张万夫莫当之勇，一鼓作气收荆州、夺西川、占汉中，以摧枯拉朽之势划出蜀汉版图，力促三足鼎立之局。公元 221 年，成都称帝，立国号为“汉”。

他叫刘备，蜀汉政权的创立者，一个让人们明白了谷底也不是绝地的英雄。

山谷塌陷了，脊梁已碎，臂膀已断，却还有壮志雄心以绝境重生。如果心毁在了谷底，只顾捶胸顿足、怨天尤人甚至逃避责任，只能埋葬在山谷不见天日的泥土里，腐烂，消失。

有人说，若你是所有人中最不出众的那一个，你是应该高兴的。因为任何人都有跌落谷底的时候，而你，只能前行。哲人曾经说过，世界上的每一件事情，若要改变它，则在于你怎样看它。对半杯水而言，有人叹它只剩半杯，也许另一个人会说它还有半杯。对一座山而言，有人认为山脚是山的起点，是想要攀登顶峰的必经之路；但同样也有人认为，山脚是山的最低处，是山的“谷”，爬不出的谷。

也许，这个世界上从没有过“谷”。“谷”不过是人们心中的模样，是人们心中对荆棘之地的畏惧之心。当你跌入人生的低点，你若相信命运的不公平，你若只是低头哭泣而不是摸索前行，对不起，你永远也走不出生活的阴影。

当你面对人生中突如其来的高山，当你在山脚下徘徊不定犹豫不前的时候，不要停下踌躇的双脚。攀登是危险的，你也很有可能在攀登时重新坠下悬崖，但如保尔·柯察金曾写下的日记中所说：“人活在世上，是应该做些有意义的事情的。”若选择放弃，你舍弃的便不只是一次攀登高峰的机遇，而是你人生的希望。

困境是上天赐予的礼物

困境是上天赐予的礼物，你只有微笑地去接受它、打开它、弄明白它，你或许才能真正享受到上天的恩赐。

人生有两种境况：顺境和困境。每个人或许都能微笑面对顺境，但是能够做到微笑面对困境的却少之又少。你或许会说："什么？我对困难微笑？这可能吗？困难如蛇蝎毒虫般让人恐惧，我哭恐怕都来不及呢。"然而，越是有大成就、大作为的人，反而越是会坦然面对困境。他们的经历告诉他们，磨难和困境才是帮助他们成功的动力。

生活是一面镜子，你冲它微笑，它也冲你微笑；你冲它发怒，把它击碎，那么你也只会看到那个支离破碎的自己。而困境恰恰又是生活的一种形式，所以你面对困境也应该微笑，这个微笑不是没有意义的微笑，而是对自己的一种鼓励，一种自信。只有敢于面对生活、敢于面对困境的人，才是命运的掌控者。

困境是上天赐予的礼物，你只有微笑地去接受它、打开它、弄明白它，你或许才能真正享受到上天的恩赐。很多人在遇到困难的时候，只会垂头丧气，以至于使自己身陷其中不能自拔。困境才是筛选人才的筛子，勇敢地接受它、克服它，你或许才能避免被筛去的危险。看那些成功的人，哪一个不是拥有着强大的灵魂、敢于对生活微笑的人？

世界上的每个人、每件事在进行的过程中大多都不会一帆风顺，当遇到困难时习惯性地向上天抱怨是无济于事的。上天对于每个人都是公平的，每一种困境都有它正面的价值所在，关键的是如何去面对困境，如何将困境变成上天赐予我们的力量。也许目前看来增加负担的东西，反而给予我们另一种收获或更上一层楼的动力。困境即是赐予，正确地看待它，我们将会学到更多。

如果你真想改变现状，就不要再为自己找借口。在生活中，有时将你击垮的，并不是那些巨大的挑战，而是一些非常琐碎的小事。不少人都有过这样的体验：当你面临巨大的灾难时，人会因恐惧、紧张本能地产生出抗争的力量。然而，当困扰你的是一些鸡毛蒜皮的小事时，你可能就会束手无策，或者非常漠视，因为它们是生活的细枝末节，很微不足道，几乎微小到不是对手的程度。然而，一些看似微不足道的小事，却能无休止地消耗人的精力，就像小蚂蚁一样能把强大的生命置于死地。

“不经历风雨，怎么见彩虹”，在种种困境中不要怨天尤人，等待上天赐予力量为去解决难题，而应积极地利用这些困境，在困境中学习，在困境中锻炼自己，在困境中磨炼自己的意志。困境即是赐予，让我们永远以一颗积极的心勇敢地迎接未来，明天将会因为困境和磨难赐予我们的坚强意志而更加灿烂。

挫折与坎坷也是生活中的一部分，逆境时有发生。出于许多原因，在复杂的社会中，我们经常要面对失败，没有人能够避免和逃脱日常生活不期而遇的变故。然而，失败往往是通向成功之路的垫脚石，因为失败会引发我们更多的思考，我们也会因此而积累更多的经验，之后，我们就会更容易地找到解决问题的方法。因此，挫折与坎坷也是人生的财富。例如，电灯的发明者爱迪生在他成功之前曾经经历过成百上千次的失败。总体来说，正是失败才使我们加倍努力工作，最后取得成功。

有一天，素有森林之王之称的老虎来到了天神面前：“我很感谢你赐给我如此雄壮威武的体格、如此强大无比的力气，让我有足够的能力统治这整片森林。”天神听了，微笑着问：“但是这不是你今天来找我的目的吧！看起来你似乎为了某事而困扰呢！”

老虎轻轻吼了一声，说：“天神真是了解我啊！我今天来的确是有事相求。因为尽管我的能力再好，但是每天鸡鸣的时候，我总是会被鸡鸣声给吓醒。神啊！祈求您，再赐给我一些力量，让我不再被鸡鸣声吓醒吧！”天神笑道：“你去找大象吧，它会给你一个满意的答复的。”

老虎兴冲冲地跑到湖边找大象，还没见到大象，就听到大象跺脚所发出的“砰砰”响声。

老虎加速地跑向大象，却看到大象正气呼呼地直跺脚。

老虎问大象：“你干吗发这么大的脾气？”

大象拼命摇晃着大耳朵，吼着：“有只讨厌的小蚊子，总想钻进我的耳朵里，害得我都快痒死了。”

老虎离开了大象，心里暗自想着：“原来体形这么巨大的大象还会怕那小小的蚊子，那我还有什么好抱怨呢？毕竟鸡鸣也不过一天一次，而蚊子却是无时无刻不在骚扰着大象。这样想来，我可比它幸运多了。”老虎一边走，一边回头看着仍在跺脚的大象，心想：“天神要我来看看大象的情况，应该就是想告诉我，谁都会遇上麻烦事，而它并无法帮助所有人。既然如此，那我只好靠自己了！反正以后只要鸡鸣时，我就当作鸡是在提醒我该起床了，如此一想，鸡鸣声对我还大有好处呢！”

这则简短的故事，足以引起人们的深思：人生是一个旅程，谁都希望自己的一生一帆风顺。人们渴望人生是一望无际、一马平川的草原，可以在上面任意驰骋，然而这只是我们的一厢情愿。人生的路上总会遇上一些不顺心的事，这时人们总是习惯性地埋怨上天不公平，于是就祈求上天能赐予我们更多的力量，帮助我们渡过难关，得到幸福。但老天是公平的，它对谁都一样，赐予力量、幸福的同时也赐予一定的困境。老虎被鸡鸣声吵着，大象被蚊子骚扰着，世间的我们也被一些大大小小的事情、困难烦扰着。上帝对于世间万物都是公平的，每个人、每件事物都有必须面对的困境，我们无须埋怨老天。一个障碍，就是一个新的已知条件，只要愿意，任何一个障碍都会成为一个超越自我的契机。关键是如何去面对困境，如何将困境变成上天赐予我们的力量。其实，上帝赐予我们的困境也有好的一面，就像老虎如果不是被鸡鸣声吵醒怎么会看见美丽的早晨呢？老虎虽然是羚羊的天敌，但如果没有老虎的威胁，羚羊就不会像今天这样灵活与矫健。

其实，世界上的任何事情都是如此，每个人、每件事在进行的过程中往往不会一帆风顺，当遇到困难时习惯性地向上天抱怨是无济于事的。而实际上，上天又是最公平的。困境都有它正面的价值所在，关键是如何去面对困境，如何将困境变成上天赐予我们的力量。也许此刻你正处在磨难与困境中，不要悲观失望，把这次的风浪当作一次新尝试，在磨难中顽强成长，在风浪中奋勇前行，当你静心梳理时，你会惊奇地发现，原来这磨难也是一种财富！

苦难是一所最好的大学

人生道路，不全是一条直线，而是坑坑洼洼、曲曲折折的泥泞小道，有时上有时下。多一条弯路，我们就会多一份生活的体会，就会多出一份人生的智慧。

上帝就像一个精明的生意人，给你一份天才，就搭配九倍于天才的苦难。世界超级小提琴家帕格尼尼就是一位同时接受两项馈赠又善于用苦难的琴弦把天才演奏到极致的奇人。

他首先是一位苦难者。4 岁时一场麻疹和强直性昏厥症已使他快入棺材。7 岁患上严重肺炎，不得不大量放血治疗。46 岁牙床突然胀满脓疮，只好拔掉几乎所有的牙齿。牙病刚愈，又染上了可怕的眼疾，幼小的儿子成了他手中的拐杖。50 岁后，关节炎、肠道炎、喉结核等多种疾病吞噬着他的肌体。后来声带也坏了，儿子靠口形翻译他的思想。他仅活到了 57 岁，就口吐鲜血而亡。死后尸体也倍受折磨，先后搬迁多次。

上帝搭配给他的苦难实在是太残酷无情了。但他似乎觉得这还不够沉重，又自己给生活设置了各种障碍和旋涡。他长期把自己囚禁起来，每天练琴 10 至 12 小时，忘记饥饿和死亡。13 岁起，他就周游各地过着流浪的生活。除了儿子和小提琴外，他几乎没有一个家和其他亲人。

苦难才是他的爱人，他把它拥抱得那么热烈和悲壮。

他其次才是一位天才。3 岁学琴，12 岁就举办音乐会，并一举成名，轰动舆论界。之后他的琴声遍及法、意、奥、德、英、捷等国。

他的演奏使帕尔马首席提琴家罗拉惊异地从病榻上跳下来，木然而立，无颜收他为徒。他的琴声使卢卡观众欣喜若狂，宣布他为共和国首席小提琴家。在意大利巡回演出产生神奇效果，人们到处传说他的琴弦是用情妇的肠子做的，魔鬼又暗授妖术，所以其琴声才魔力无穷。维也纳一位盲人听他的琴声以为是乐队在演奏，当得知台上只他一人时，大叫“他是个魔鬼”，随之匆忙逃走。巴黎人为他的琴声陶醉，早已忘记正在流行的霍乱，演奏会依然场场爆满……

他不但用独特的指法、弓法和充满魔力的旋律征服了整个欧洲和世界，而且发展了指挥艺术，创作出《随想曲》、《无穷动》、《女妖舞》和 6 部小提琴协奏曲及许多吉他演奏曲。几乎欧洲所有文学艺术大师如大仲马、巴尔扎克、肖邦等都听过他演奏并为之感动。音乐评论家勃拉兹称他是“操琴弓的魔术师”。歌德评价他“在琴弦上展现了火一样的灵魂”。李斯特大喊：“天啊！在这4根琴弦中包含着多少苦难、痛苦和受到残害的生灵啊！”

苦难是最好的大学，当然你必须首先不被其击倒，然后才能成就自己。有时，遭遇一些挫折又何妨呢？人生道路，不全是一条直线，而是坑坑洼洼、曲曲折折的泥泞小道，有时上有时下。多一条弯路，我们就会多一份生活的体会，就会多出一份人生的智慧。

美国著名成功学专家卡耐基认为：漫漫人生当中，我们可能会遭遇一些不如意的事情，也许，每件事情都没有最差的情况，就看我们怎么去对待。这个世界总会有阴暗面，一缕阳光从天空照下来的时候，总有照不到的地方。如果我们的眼睛只盯在黑暗处，抱怨世界的黑暗，那么，我们将只会得到黑暗。

与其选择悲观抱怨，不如选择乐观积极，如果我们不能改变环境，至少可以改变自己对待事情的态度。就好像我们无法左右今天的天气是阴雨连绵还是阳光普照，但我们却可以控制自己的心情，是选择一个微笑，还是选择沉沦。在我们做了一个选择后，其后的事情，往往就是我们心态的一个折射和延续。

心态是我们应对各种人生遭遇的态度反应，好的心态有助于成功，差的心态只会毁灭自己。生活就是一面镜子，它笑，是因为我们对着它笑；它哭，是因为我们对着它哭。

经历就是一笔财富，这笔财富是别人给不了的，也是其他人模仿不来的，更是固守在一个小天地里得不到的。每一次经历就是一次认知水平的提高，一次人生阅历的丰富。经历是最好的老师，是一笔财富，它能让我们开阔视野、明白事理、懂得生活、升华人生。积累得越多，人越成熟；经历得越多，生命越深厚。丰满的人生就是依靠丰富的经历铸就而成的。

逆境中绽放奇迹的花朵

如果你身处顺境，请走出“温室”，拿出勇气迎接困难的挑战；如果你身处逆境，也不要气馁，要勇敢地克服困难。

“天将降大任于斯人也，必先苦其心志，劳其筋骨，饿其体肤，空乏其身，行拂乱其所为，所以动心忍性，曾益其所不能。”不经过风浪，就不能达到胜利的彼岸；不经历风雨，就不能看到彩虹；不经受磨难，就不能成大事。如果你身处顺境，请走出“温室”，拿出勇气迎接困难的挑战；如果你身处逆境，也不要气馁，要勇敢地克服困难。

古往今来，有许多名人都是经过逆境奋进成功的。像司马迁，他由于李陵一案身受宫刑，蒙受大辱，但他终于战胜磨难，发愤写完了辉煌巨著——《史记》。再如现代的华人张士柏，他经历了从游泳健将到高位截瘫的巨大变故，却并未因此一蹶不振，反而将它化为动力，勤奋学习，完成了许多健康人都做不到的事情。还有张海迪、李政道……逆境中成材的名人不胜枚举。

著名作家高尔基从小就饱尝人间的辛酸，即使做活累得腰酸背痛，也不肯放弃一刻时间去看书，还常常在老板的皮鞭下偷学写作，他终于成为著名的作家。美国的大发明家爱迪生，小时候家里买不起书，买不起做实验用的器材，他就到处收集瓶罐。一次，他在火车上做实验，不小心引起了爆炸，车长抽了他一记耳光，他的一只耳朵就这样被打聋了。生活上的困苦、身体上的缺陷，并没有使他灰心，他更加勤奋地学习，终于成了一个举世闻名的科学家。

就成材而言，不管顺境还是逆境，都是外因，是要靠内因来起作用的。这样就可以解释为什么“自古英豪出贫贱，纨绔子弟少伟男”了，因为顺境中的人容易受迷惑，他们往往贪图享受，不知奋进，不知道苦难为何物。而没有志向，没有进取心的人，又怎么能成材呢？逆境中的人则不同，他们饱受磨难，一次次与命运和困难做斗争，为走出逆境，大多都树立了远大志向和坚定目标。人没有压力不抬头，没有动力不奋进，一旦二者兼备，就会发挥出令人吃惊的潜力，这正是顺境中的人一般不具备的。

当然，既然环境是外因，所以不是所有身处顺境的人都不能成材，更不是所有逆境中的人都会成材，这之间没有必然的联系。顺境中的人如果能不图安逸，立下壮志，奋力拼搏，又何愁不能成材呢？相反，逆境中的人如果经不起磨难，就会消沉下去乃至被命运吞噬。

逆境造就人才，逆境中的生命是顽强的，逆境中的你们要坚信：阳光总在风雨后，你们会成功的！就像悬崖上的树苗、山谷中翱翔的鹰、勇敢地与海浪搏斗的海燕，它们都面对着不一般的环境。恶劣的环境、严峻的考验使它们爆发出生命的力量，超越脆弱，绽放坚强。

人生没有一帆风顺的阳关大道，只有坎坷的山间小路；没有风和日丽的田野，只有看似平静而实际上是狂风暴雨的大海。只有在逆境中生命才能越活越坚强，绽放出奇迹的火花。

逆境中勇往直前

面对挫折与坎坷时，如果没有勇气去面对，那么将会永远走不出生命中的那片密林，也许就永远困于自己那不如意的现状，不能自拔。

我们从小都会有很多幻想，幻想过朦胧的未来，幻想过自己的感情世界。在我们的成长过程中也遇到过很多意想不到的事情，每一件事情的经历都是对我们自身的修复与完善。

我们要明白，有些事情的发生一定是必然的，生活就是这样的，面对挫折与坎坷时，如果没有勇气去面对，那么将会永远走不出生命中的那片密林，也许就永远困于自己那不如意的现状，不能自拔。未知的东西太多了，而生活也正要教你如何深刻地去认识这些。这正如一位雕塑家用手中的铁锤与扁铲在不断敲击声中塑造出一件形态逼真而让人感慨万分的成功雕塑品一样，如果一件成功的雕塑品不经历千百回的敲击与修复，它又怎么能呈现出那完美而仿佛附有灵魂般的身姿呢。正是如此，所以我们要学会坚强面对生活中所有的挫折与坎坷！

对于我们来说，人生之路可能才刚刚开始，要接触的未知的东西太多了，对前面的路，我们无法预测的未来，只能一步一步往前走，不计较还会发生什么事情，只在乎自己如何面对随时会出现在眼前和发生的一切。在困难与灾难面前，要学会接受一切，学会坚强，学会坦然面对，同样也要学会淡然！

英国劳埃德保险公司曾从拍卖市场买下一艘船，这艘船1894年下水，在大西洋上曾138次遭遇冰山，116次触礁，13次起火，207次被风暴扭断桅杆，然而它从没有沉没过。

劳埃德保险公司基于它不可思议的经历及在保费方面带来的可观收益，最后决定把它从荷兰买回来捐给国家。现在这艘船就停泊在英国萨伦港的国家船舶博物馆里。

不过，使这艘船名扬天下的却是一名来此观光的律师。当时，他刚打输了一场官司，委托人也于不久前自杀了。尽管这不是他的第一次失败辩护，也不是他遇到的第一例自杀事件，然而，每当遇到这样的事情，他总有一种负罪感。他不知该怎样安慰这些在生意场上遭受了不幸的人。

当他在萨伦船舶博物馆看到这艘船时，忽然有一种想法，为什么不让他们来参观参观这艘船呢？于是，他就把这艘船的历史抄下来和这艘船的照片一起挂在他的律师事务所里，每当商界的委托人请他辩护，无论输赢，他都建议他们去看看这艘船。它使我们知道：在大海上航行的船没有不带伤的。

人生常遇艰难与坎坷，不如意者常八九，细想起来生活的魅力就是在克服这些艰难与困苦的过程中。一生多磨难并非都是坏事，因为在困难面前不低头，在逆境中不气馁，勇往直前，遇到的虽然是挫折与坎坷，但得到的却是勇敢和坚韧不拔的高尚品格。

在自己的心头点燃一根火柴

面对困境，生命的强者从来不会怨天尤人、自暴自弃，而是在自己的心头点燃一根火柴，点亮人生的希望，并义无反顾地走下去。

《命运》交响曲是贝多芬一部杰出的作品，它的主题是反映人类和命运搏斗，最终战胜命运的过程。这也是他自己人生的写照。

在第一乐章中连续出现的沉重而有力的音符。贝多芬说："命运就是这样敲门的。"

贝多芬是世界著名的音乐家，也是命运最糟的人之一。童年，贝多芬是在泪水浸泡中长大的。家庭贫困，父母失和，造成贝多芬的性格孤僻、倔强和独立，在他心中蕴藏着强烈而深沉的感情。他从 12 岁开始作曲，14 岁参加乐团演出并领取工资补贴家用。到了 17 岁，母亲病逝，家中只剩下两个弟弟、一个妹妹和已经堕落的父亲。不久，贝多芬得了伤寒和天花，几乎丧命。贝多芬简直成了苦难的象征，他的不幸是一个孩子难以承受的。

尽管如此，贝多芬还是挺过来了。他对音乐酷爱到痴狂的程度。在他的作品中，有着他生活的影子，既充满高尚的思想，又流露对人间美好事物的追求、向往，还有对美丽的大自然的热爱，他有抒发不尽的情怀。

说贝多芬命运不好，不光指他童年悲惨，实际上他最大的不幸，莫过于从 26 岁起听力上的逐渐衰退。先是耳朵日夜作响，继而听觉日益衰弱。他去野外散步，再也听不见农夫的笛声了。从此，他孤独地生活着，全部精力都用于和耳疾苦战。

在世上，能理解贝多芬的人太少了，而唯一能给他安慰的只有音乐。他作曲时，常把一根细木棍咬在嘴里，借以感受钢琴的振动，他用自己无法听到的声音，倾诉着自己对大自然的挚爱，对真理的追求，对未来的憧憬。他著名的《命运》交响曲就是在完全失去听觉的状态中创作的。他坚信“音乐可以使人类的精神爆发出火花”。“顽强地战斗，通过斗争去取得胜利”这种思想贯穿了贝多芬作品的始终。

1827 年 3 月 26 日，一个雷雨交加的夜晚，音乐巨人与世长辞，那时他才 57 岁。贝多芬一生是不平顺的，世界给他的欢乐不多，他却为人类创造了欢乐。贝多芬身体是虚弱的，但他是真正的强者。

是的，面对困境，生命的强者从来不会怨天尤人、自暴自弃，而是在自己的心头点燃一根火柴，点亮人生的希望，并义无反顾地走下去。

有一架运输机前往某地切断废弃的石油管道。在飞越一片戈壁滩的时候，不幸遭遇了一场特大的沙尘暴，但飞机还是成功地迫降了。

飞机上只有驾驶员、设计工程师、导航员三人。正当大家为劫后余生欢呼的时候，却发现身处戈壁滩深处，更为要命的是：飞机严重受损，无法重新起飞；通信设备全部损坏，无法与外界取得联系。

望着茫茫一片的戈壁滩，大家顿时感到死亡正在向自己一步步地逼近。为了不同的逃生方案，驾驶员和导航员发生了激烈的争吵，谁也说服不了谁，发展到最后竟然拳脚相向地抢起了食物和水来。

在这紧要关头，一直坐在一边儿苦苦思索的设计工程师冲了过来，一脸兴奋地说道："你们两个谁也不要再争了。"

"怎么，难道你有更好的逃生办法？"两个人异口同声地问他。

设计工程师笑了笑，说："我刚才大致检查了一下飞机，发现飞机的主要部件并没有损坏，只要你们两个都听我的指挥，我可以把飞机修好的！"

驾驶员和导航员听了，立即停止了争斗，赶紧按照设计工程师的话忙碌起来。为了躲避烈日炙烤，大家就白天休息晚上干活；为了节省食物和水，大家就两餐并作一餐吃，而飞机的修复工作，也在有条不紊地紧张进行着。

几天都过去了，飞机还是没有修好。就在这个时候，导航员偶然地发现，设计工程师根本就不会修理飞机，他只是在不停地重复着一些装卸工作。导航员恼羞成怒起来，一把抓起设计工程师的衣服领子："好你个骗子，在这身陷绝境的时候，你还不忘欺骗我们啊！"

"不，我没有欺骗你们！"设计工程师冷静地分辩着。突然，设计工程师兴奋地挥舞着手："来呀，救救我们——"

顺着设计工程师手指的方向望去，一队商人的驼队正在远处不紧不慢地晃动着。于是，三个人得救了。

喝着商人递过来的水，设计工程师开心地笑着说："怎么样，我没有欺骗你们两个吧?"驾驶员和导航员顿时醒悟过来了。

在我们的生命中，身陷困境固然是非常不幸的，但是比困境更加不幸的是心中没有希望，倘若如此，那么只有慢慢地等待着死亡的降临了。设计工程师的欺骗给他同伴得以存活下去的希望，正是这希望支撑着他们在苦难的边缘同死亡抗争。

人生难免会遇到这样或那样的不幸，只要还有1%的希望，就应该付出100%的努力！请怀抱希望勇敢地面对吧！相信自己，一定可以战胜挫折！

逆境给人宝贵的磨炼机会

在逆境中，对于我们来说无论什么时候都是一种极限的挑战。因此，我们只要坚持不懈，就一定会从逆境中走出来，而且会创造出更美好的明天。

英国哲学家埃德蒙·伯克说："逆境是一位严厉的老师，它指派一个比我们更了解自己的人来管理我们，就像他也更爱我们一样。他与我们进行角力，来加强我们的勇气，增强我们的灵活性。我们的对手也是我们的助手。在这种矛盾的抵触中，我们对目标有了更深的了解，并促使我们从各方面去考虑它。它能够使我们不会变得很肤浅。"我们应当有像棕榈树一样的坚强性格，越是在逆境中，生命力越是旺盛。在与逆境交战中我们都是胜利者，是因为对手使我们发挥了很大的潜力，就是依靠这种力量才使我们取得胜利。人最大的敌人就是自己，要克服困难和恐惧只有靠自己，“相信自己，我能行。”

其实，磨难才是人生中最好的财富。人只有在逆境中生存才能迸发出超强的生命力。因为人都是有惰性的，当我们处于逆境中的时候，千万不能轻言放弃。在逆境中，对于我们来说无论什么时候都是一种极限的挑战。因此，我们只要坚持不懈，就一定会从逆境中走出来，而且会创造出更美好的明天。

逆境有时是一笔巨大的财富，关键是看你如何对待。如果你乐观地对待逆境的话，即使遭受再大的挫折也不会畏惧，而是坦然面对，那么通过坚持不懈地奋斗，逆境将会变成顺境，挫折才会被你操纵。

逆境给人宝贵的磨炼机会。只有经得起逆境考验的人，才能成为真正的强者。只要有信心、有恒心、有勇气、有毅力、有实干精神，即使眼看山穷水尽，仍要想到会峰回路转、柳暗花明。自古以来，所有能成就一番大事业的人无一不是脚踏实地、努力奋斗的人。唉声叹气不是办法，幻想憧憬不是办法，只有信心十足地去干，才能走出困境。

几乎每一个人都期望一帆风顺。许多人都说：前进的路上，即使没有莺歌燕舞，没有盛开的鲜花，那最好也没有风雨、没有挫折。其实，这是不可能的，要知道，挫折也是人生的一笔财富。没有挫折的人生，从某种意义上来说是黯然失色的。说“磨难是人生的财富”，最主要的一点是磨难会让我们变得聪明、变得坚强、变得成熟、变得完美。当然，这首先需要我们经得住磨难。

世上没有绝望的处境

一个人无论遭遇怎样的逆境和厄运，一定不能绝望，不要轻易“淹没”自己的理想，要知道，在这个世界上，没有绝望的处境，只有对处境绝望的人。

在人生的路途上，不可能是一帆风顺的，每个人都可能遭遇逆境、困境或者厄运，逆境无法回避，困境也是生活组成的部分，厄运人人必须面对。有的人即使被厄运撞得浑身伤痛，仍一如既往地对生活怀抱着理想和希冀，没有音乐也照样跳舞。有的人一朝遇到厄运，心中泛着金属光泽的理想顷刻间就破碎了，从此眼里只看到自己的失败，认为自己所遭遇的逆境，是横亘在面前的大海。人生逆境有千种，应变之道有方法。每一种逆境都需要高超的智慧去应对，逃避愚昧，即智慧之始。卓越的人的一大优点就是在不利和艰难的遭遇里仍百折不挠。

人生的旅途上，谁没有面临过逆境呢？为什么大多数人不能成为强者，只是在逆境的旋涡中苦苦挣扎而毁灭或无奈地走向平庸？成为强者和沦为弱者的分别在于——是否能够聪明应对逆境。有些逆境好像十字路口的红灯，警告你不要一意孤行，这时你需要另找一条适合自己的路。还有一些逆境其实只存在于你自己的心中，你需要大胆地打破自设的心理牢笼。一个人无论遭遇怎样的逆境和厄运，一定不能绝望，不要轻易“淹没”自己的理想，要知道，在这个世界上，没有绝望的处境，只有对处境绝望的人。有一句话说得很好——“世上无难事，只怕有心人”。对于富有才华和热爱劳动的人来说，逆境使人聪明，逆境是通向真理的一条通路，不存在任何障碍。

有位心理学家做了这样一个实验：把一只小白鼠放到一个装满水的水池中央，水池虽然很大，但仍在白鼠游泳能力可及的范围之内。小白鼠落水后，并没有马上游动，而是转着圈子发出“吱吱”的叫声。它是在测定方向，鼠须就是一个方位探测器。它的叫声传到水池边沿，声波又反射回去，被鼠须探测到。小白鼠借此判断出自己的位置及离水池边沿的距离，然后不慌不忙地朝着一个选定的方向游去，很快就游到了岸边。几次试验都是如此。

心理学家又把另一只小白鼠放到水池中央，所不同的是这只小白鼠的鼠须被剪掉。小白鼠落水后，同样在水中转着圈子发出“吱吱”的叫声，但由于“探测器”已不存在了，它探测不到反射回来的声波，几分钟后，筋疲力尽的小白鼠沉到水底，死了。

关于第二只小白鼠的死亡原因，心理学家这样解释：小白鼠无法测定方位，自认为无论如何是游不出去的，因此停止了一切努力。心理学家最后得出结论：在生命彻底无望的前提下，动物往往强行结束自己的生命，这叫“意念自杀”。不可否认，这样的悲剧也往往发生在人的身上。对于人而言，溺死人的“水池”就是所谓的逆境、困境或者厄运。人无论遇到怎样的逆境和厄运，一定不能绝望，不能让逆境淹没自己的理想。

在逆境中，我们要认识自己，更要反思自己。身处逆境或者遇到不顺利时，首先要冷静思考，分析造成目前状况的原因与自己的关系，重新审视自己的能力与处理问题的方法，调整自己看问题的角度。明确了问题之后，反思自己应该如何解决这些问题，反思自己应该为这样的情况负什么责任。所以逆境就像一面镜子，它会把我们最原始的素质与技能显现出来，使自己明白该如何找对方向进行努力。逆境可以锻炼自己的应变能力和思变能力。一般在逆境中都是抵抗力表现弱的时候，容易看不清问题或者看问题不全面，进而做出不合理的决策等。正因为这样，我们更应该有意识地强迫自己规避这些状况的出现，应该积极应对，不断改变自己的策略，尝试不同的方法，强制自己用不同的方式来应对，尽快调整自己，让自己能够主动地应对变化。

身处逆境志更坚，心更明。人生的不同阶段，我们都会遇到与自己期望不同的时候，或大或小，但不管事情是什么，最终都会给自己的判断造成影响，磨炼来自于不断接受新的挑战，成长来自于能够坚定自己的信念。在逆境中经过积极应对后，会发现目标更清晰，会更坚定实现这样的目标。所以逆境更能使我们志向坚定，心态稳定。

逆境是人生的财富，弥足珍贵。我们都渴望自己的工作平步青云，生活一帆风顺，越来越好，但是事实可能不像我们期望的那样，不经意间就来到了我们身边。正确面对是我们经历这段时期的最佳方法，记得有位大师曾经说过，磨难是一个人最大的财富。我们要好好珍藏这些记忆，牢牢记住度过艰难的心路历程，过后就发现原来这样的过程如此美妙，会给自己带来这么多的收获。

战胜了自己，就战胜了一切

为了成功，我们必须战胜自己，因为这往往是我们通向成功的最后一道屏障。我们只有战胜自己，才能成为自己的主人；只有成为自己的主人，我们才能把握自己的人生。

成功并不是偶然的，它是经过无数次努力与奋斗的坚定，它是无数次经过困难与挫折历练后的见证。只有那些在风雨中走过的人们才知道，痛苦和快乐究竟意味着什么。那泥泞中留下的两行印迹，就证明着他们的价值。

1953年，科学家沃森和克里克从照片上发现了DNA的分子结构，并提出了DNA螺旋结构的假说，这标志着生物时代的到来，他们也因此获得了1962年度的诺贝尔医学奖。可是，早在1951年，英国一位叫富兰克林的科学家就从自己所拍的DNA的X射线衍射照片上发现了DNA的螺旋结构。但由于他生性自卑，极度怀疑自己的判断，所以与成功失之交臂。

人的本性注定我们内心有许多的不坚强。自己，往往是最可怕的对手。为了成功，我们必须战胜自己，因为这往往是我们通向成功的最后一道屏障。我们只有战胜自己，才能成为自己的主人；只有成为自己的主人，我们才能把握自己的人生。

自己与自己的较量是最残酷的，也是最惊心动魄的，因为我们面对的不是别人，而是我们自己，他和我们一样强大，他很了解我们的内心。只要我们稍不留神，就会被他钻了空子。他也很了解我们的防守和进攻，在这个敌人面前我们几乎就是个透明人，一不小心就会被他击败。在人生的道路上，有的人能够成功，有的人却总是失败，而所有能够成功的人都是打败自己的人。那些被自己打败的人，必定成为生活中的失败者。

人生难免会遇到挫折，然而，人们对待挫折的态度却各不相同。日本著名哲学家武者小路实笃的一番话说得好："人类中，谁都不能回避不幸的阴影，在这种时刻，各人凭自己的修养来对付：圣人就像圣人，勇士就像勇士，普通人就像普通人，愚者就像愚者，善人就像善人，恶人就像恶人，各人的本性在这种场合暴露无遗。"同一种境遇，由于各人的品性不同，所采取的态度千差万别：有些人就此陷入不幸的深渊，而另有些人在遭到灾难的袭击后，成为坚强的搏击者。

战胜自己，最需要的就是一种坚强的意志力。人与人之间，强者与弱者之间，成功者与失败者之间最大的差异就在于意志力的差异。一个人只有具有了坚强的意志力，才能够成为自己的主人，也才能够成为生活中的强者。

为了炸药的问世，科学巨匠诺贝尔进行了400余次试验，发生了好几次惊险的爆炸事件，炸飞了实验室，炸死了亲弟弟和四个助手。许多人劝他放弃这冒险的试验，他却毫不气馁，将实验室设到了瑞典马拉伦湖中的船上。1867年9月3日，一声巨响从船中突然爆发，整个船身剧烈晃动，滚滚浓烟从门窗中冲出，面孔乌黑、浑身是血的诺贝尔从硝烟中钻出来，像狂人一样地呼喊着："成功了！成功了！"

纵观历史，多少出类拔萃者之所以能成功，很重要的一点，在于他们绝不认输，能够战胜自己。

有时，使我们疲惫的，并非远方的征程，而是我们鞋里的沙子。阻碍我们成功的也并非生活中的困难，而是我们脆弱的心灵。如果我们的内心可以更加坚强一些，强大到可以战胜自己内心的一切弱点，那么，我们或许就会发现，其实成功就在眼前。

南朝的祖冲之，在当时极其简陋的条件下，靠一片片小竹片进行大量复杂的计算，一遍又一遍，历经无数次失败，终于在世界上第一个把圆周率精确到小数点后第七位。伟大的发明家爱迪生，在发明电灯的过程中，做了无数次失败的实验，总共试用了6000多种纤维材料，最终才确定用钨丝来做灯丝，提高了电灯的使用寿命。

当我们需要勇气的时候，先要战胜自己的懦弱；需要洒脱的时候，先要战胜自己的执迷；需要勤奋的时候，先要战胜自己的懒惰；需要宽宏大量的时候，先要战胜自己的浅狭；需要廉洁的时候，先要战胜自己的贪欲；需要公正的时候，先要战胜自己的偏私。

很多人习惯把目光放在别人的身上，仿佛只有这样，才知道自己该做什么，该如何做。把别人当作自己的目标的人，是最没有思想和目标的人，他们把一辈子的时间和精力，都花在了寻找别人的足迹上，并期望以此在角逐中超越和战胜对手。事实上，战胜自己远比战胜他人重要。人最难做到的不是认清对手，而是认清自己。同样，最难战胜的也不是对手，而只能是我们自己。

战胜别人并不难，远比战胜我们自己来得容易。要知道，再强大的对手也不是无懈可击的，别人的弱点暴露在明处，而自己的不足始终躲藏在你的视线之外。所谓明枪易躲，暗箭难防，最终伤害自己的，可能就是自身潜藏着的暗箭。因此，战胜别人也许能让我们取得一时的胜利，但它并不能帮助我们实现人生的目标。

兵法说，知己知彼，方可百战不殆。只是把目标盯着别人，不但会迷惑我们的视线，而且会使我们放松警惕。当一个人对别人观察入微的时候，恰恰是他看不见自己的时候。在不能正确认识自己的情况下，盲目地沾沾自喜，就会把优势转化为劣势。

不要总想着如何战胜别人，否则，你将永远只能走在别人的后面。别人是你一道无法翻越的坎，不能涉过的河。战胜对手并不是取胜的唯一办法，与其整天琢磨如何找到对手的软肋，倒不如让自己变得足够强大。

不要老想着如何寻找别人的短处和破绽，那样，你实际上是在帮助你的对手改正错误。对手早已将缺点放下，你却不得不背负着别人的错误上路。同时，致力于找到对手的薄弱之处，使得你忘记了自己的使命，最终，也许你可以找到对手的弱点，但你也将失去向终点进发的时间。

一步一个脚印，踏踏实实地走好自己的路。即使我们迷了路，但不会迷失方向，顺着我们自己的脚印，仍可回到来时出发的地方，并尝试一条新的路线，开始新的征程。

在挫折面前，我们需要战胜气馁。世界上没有一条道是平坦宽阔、畅通无阻的，做事情碰到艰难险阻、遭遇挫折是再正常不过的了。对此，我们应该有充分的心理准备，尤其是在顺利的时候。顺境时想退路，逆境时找出路，这一点十分重要。

在失败面前，我们需要战胜怯懦。一个人很难在同一个地方摔倒两次，那是因为我们提高了警惕，然而，过于警惕无异于怯懦。失败是成功之母，后人的成功往往建立在前人失败的基础之上。遇到失败，最重要的是重拾信心，对自己说声没关系。

我们无法保证自己不犯错误，也不可避免地存在各种弱点和不足。这是一个人成长进步的基础，是回避不了的事实。在任何时候，任何情况下，战胜自己才是最重要的。只有战胜了自己，才能走向成功！让我们每一个人都学会战胜自己吧！

第十三章

执着地坚守，终有花开之日

信念是帆，激励我们乘风破浪；信念是灯，指引我们穿过黑暗，勇往直前。信念是悬崖上的青松，笔直，傲挺，重塑了风的形状，这是一种刚毅；信念是万佛阁中的藏根草，嫩绿，精神，诠释着生命的意义，这是一种坚强。

信念决定一切

信念是成功的种子，埋在我们心灵的深处。只要我们不放弃，在未来的某一天，它一定会破土而出，发芽、生长，结出我们所希望的成功，结出我们期待已久的幸福！

人人都想成功，每个人都想要获得一些美好的事物，没有人喜欢巴结别人，更没有人喜欢过平庸的生活，也没有人喜欢自己被迫进入某种情况。但是，成功的前提是具有坚定的信念，成功的程度也取决于信念的程度。通俗地讲，就是心存疑虑，就会失败；相信胜利，必定成功。

信念是帆，激励我们敢于乘风破浪；信念是灯，指引我们敢于迎着黑暗，勇往直前。信念是悬崖上的青松，笔直，傲挺，重塑了风的形状，这是一种刚毅；信念是万佛阁中的藏根草，嫩绿，精神，诠释着生命的意义，这是一种坚强。

每个人的心里都有一盏灯，他藏于我们的内心深处，照亮我们的灵魂，激发我们的思想，释放我们的热量，温暖自己和别人。一个人一旦有了一种信念，他便选择了一种姿态，认准了一种人生，他可以风餐露宿，执着地寻找人生的价值，实现自我的超越；他可以在山穷水尽之时雄心不死，风雨飘零之后找到柳暗花明。

成功的信念，在人脑中的作用就如闹钟，会在你需要时将你唤醒。事业恰似雪球，必须勇敢往前推，愈推愈滚愈大，但是，若在途中停下，便会立刻消失融化！

信念是成功的种子，埋在我们心灵的深处。只要我们不放弃，在未来的某一天，它一定会破土而出，发芽、生长，结出我们所希望的成功，结出我们期待已久的幸福！

信念决定一切。因为，信念的真谛在于，对大自然的心灵感受，对未知领域的敬畏心情，对社会公正的内心追求，对美好人生的情感寄托。信念意味着心灵的寄托和皈依，给我们的生存提供了精神支撑和心理意义，能够带动我们体会到类似高峰体验的强烈幸福感和自我价值的实现。正确的信念和坚定的信仰是生命之旅的灯塔和基石，总会在最重要、最危难的时刻，彰显出它的力量。

信念，是成功的起点，是托起人生大厦的坚强支柱。在人生的旅途中，不可能总是一帆风顺、事遂人愿。有的人身体可能先天不足或后天病残，但他却能成为生活的强者，创造出常人难以创造的奇迹，靠的就是信念。

对一个有志者来说，信念是立身的法宝和希望的长河。信念的力量在于即使身处逆境，亦能帮助你扬起前进的风帆；信念的伟大在于即使遭遇不幸，亦能召唤你鼓起生活的勇气。信念，是蕴藏在心中的一团永不熄灭的火焰。

信念，是保证一生追求目标成功的内在驱动力。信念的最大价值，是支撑人对美好事物孜孜以求。坚定的信念，是永不凋谢的玫瑰！也就是说，信仰和信念的力量，是我们人生的真正财富。

因此，走在各自的朝圣路上，我们需要强烈的自信支撑自己的身心，需要利用一定的时间来思考自己的目标与价值，需要理清和激发自己前进的动力，需要励精图治，默默耕耘，需要意志坚定地应对挫折和矛盾。至于能否成就美好的人生，有时还需要一点点的运气，不过，这运气往往就来自于我们心灵深处的坚定信念！

看清方向再朝前走

人生重要的不是所坐的椅子，而是所朝的方向。在有梦想的时候不要放弃梦想，在有机会的时候不要错过机会，在可以拼搏的时候就义无反顾地拼搏。

机会很多，为什么总没有适合自己的那一个？招聘广告在眼前飞驰，你是否常常哀叹自己的不足，只想重新走回校园充电？难题摆在眼前，你只需再多一点点的能力就可以一举成名，可是就因为这一点点你却无能为力；只要跨过这个门槛，你就可以在那个职位上游刃有余，可是这个门槛太高你就是跨不出去。总是有这么多尴尬的位置，欲进不能，欲退不得。你茫然四顾，犹如身在险峰，周围的道路都是云雾缭绕，看不真切。这个时候，更要静下心来，弄清楚自己的位置和方向。不管你处于怎样的境遇，都要记住了，人生重要的不是所坐的椅子，而是所朝的方向。

从前，一个农夫有两个女儿。大女儿漂亮、善良、多情，人见人爱，大家都宠着她，说她有一天是要嫁到皇宫里去的；小女儿却长相平平，也没有什么突出的个性，她是在大家的忽视中慢慢长大的。大女儿白天帮母亲料理家务，闲下来就浇浇花、喂喂鸟，完全不知日子的流逝，对未来也没什么打算。她的人生早就被她母亲安排好了，那就是通过走访那些和贵族沾边的远亲来结识上层人士，尽可能地嫁给高官或皇族。这是他们全家人的希望。而小女儿，她整天蹲在一堆破布和针线当中。她有一个愿望，就是做出世界上最美丽的衣裙。

她从小就看到全家人省吃俭用给姐姐买花裙子，那些花裙子是那样漂亮，就像展翅的蝴蝶，又像吐蕊的花蕾。她也曾趁大家熟睡的时候，偷偷穿在身上，在月光下跳舞。可是，那些裙子到底不是她的，是姐姐的呀，全家省吃俭用一年只能买一条这样贵的裙子。后来再大一些，她就不再偷穿姐姐的裙子了，而是暗暗下决心，要自己缝制漂亮的花裙。从那个时候起，她总是想方设法在村子里收集各种废旧剩余的布料，照着样子缝制裙子。她的针线活越做越好，缝的补丁都看不见针脚，而且她能够按照补丁的形状缝成花啊、太阳啊、蜻蜓啊，完全看不出来是块补丁。她的手艺引起了村里裁缝的注意，就让她到店里帮忙。从此，她开始了正规的缝纫学习。

就在她进入裁缝作坊里的时候，她的姐姐也开始了相亲。农夫和他的妻子用小女儿缝制的衣裙，把他们的大女儿打扮成大户人家的小姐，让她去参加各个社交舞会，以求能够遇见高官或贵族。小女儿曾经对姐姐说，如果不想去可以拒绝的。但是那个美丽的人，她不知道自己要什么、能做什么，倒不如听从父母的安排。时间就样过去了，大女儿终于找到一个愿意接受她的贵族，可是这个贵族已经40岁了，右腿有些不灵便，而且还带着前妻留下的两个孩子。同时，小女儿也来到城里，是村里的裁缝资助她到著名的裁缝店学习的。大女儿出嫁了，她的父母很开心，得到了一大笔钱，而她自己却无所谓快乐不快乐的。她没有什么想要的，也不知道能做什么，只是听从命运的安排。偶尔地，她会羡慕妹妹的梦想和努力，但那也只是一小会儿罢了。

小女儿的手艺越来越好，很多上层贵族都喜欢找她做衣服。

当她姐姐有了第一个孩子的时候，她终于攒够钱，可以自己开店了。她是多么激动啊，她终于能专心设计，朝着“最美丽的衣裙”这个梦想迈进，还可以免费为那些穷苦的女孩子裁剪漂亮的裙子。小女儿的生活充实而快乐；相反，她的大姐开始渐渐地枯萎。她生活在“家庭”的形式中，对自己的丈夫、孩子没有热情。也许，她从来就没有对什么怀抱过热情？她只是很好地履行一个妻子的职责，仅此而已。你再也找不到那个喂鸟养花的美丽的人，这里只是一副躯壳，容颜凄美、衣着华丽。小女儿很多次劝姐姐想想自己的梦想。可是，那个被上帝眷顾的人淡淡地说：“没什么想要的，也没什么可做的。”

小女儿的手艺和善行终于传到了皇宫里。公主出嫁的时候，她领到命令负责裁制嫁衣。小女儿说，仅有尺寸是不行的，她需要见到公主本人，才能知道她最适合什么样的衣服，衣裙不仅要合尺寸，更要和人的气质相和谐。于是，她被特准进了皇宫。嫁衣做好了，公主穿上后惊艳四方，各国的王公贵族都非常喜欢，纷纷打听是在哪里定做的。小女儿在京城中一下子成了名人，更真正令她高兴的是，她终于做成了世界上最美丽的衣裙。然而，更意想不到的是，在她给公主量体裁衣的时候，公主的哥哥，本国的国王恰好经过。于是，不久后她成了王后。王后之命，那是人们曾经给她姐姐的预言，却在她身上应验了。不过，那不是命运的恩赐，而是她依靠自己的努力获得的。

上帝给每个人一把椅子，有高有矮，有好有坏，不管怎样，这都不是最终的定局。小女儿最初坐的椅子肯定不如她的姐姐，然而她没有自卑，也没有因为被忽视而抱怨，而是坐稳了，朝着梦想的方向前进。那个“没有什么想要的，不知道做什么”的姐姐平稳地上演自己的命运，上帝给多少就接受多少，始终没有从自己的椅子上踏出过一步；相反，小女儿却在卑微的被忽视的椅子上坚持不懈地迈进，终于打破了原先的“位置”，达到新的高度。人生重要的不是所坐的椅子，而是所朝的方向。在有梦想的时候不要放弃梦想，在有机会的时候不要错过机会，在可以拼搏的时候就义无反顾地拼搏。临渊羡鱼，不如退而结网，让我们从现在开始，看清楚前进的方向，努力实现自己的梦想！

永远忠于自己的信念

一个人没有信念，只能平庸地活着；反过来说，拥有信念就能不畏任何艰难，因为信念的力量惊人，它可以改变恶劣的现状，形成令人难以置信的圆满结局。

能够坚持自己信念的人，永远不会被击倒，他们是一群人生的胜利者。意念可以产生一种吸引力，吸引你最迫切渴望的人、事、物。许多人的一生穷困潦倒，是因为他们纵容那些负面想法盘踞在心里。

信念是我们根据过去的生活经验，对快乐和痛苦所做的主观认识而形成的。我们也许不曾留意过自己的信念究竟是如何产生的，也不知道那些信念是不是判断错误的结果，更可怕的是，即使那些埋藏在我们心中的小信念未经实际验证，我们竟然也都把它当成真有那么回事，谨慎地遵守着，丝毫不敢违背。

每一个人都带着两个同样密封着的信封来到这个世界，而这两个信封只有我们自己能打开。其中一个信封装着源源不断的幸福与财富，只要我们用坚定的信念和积极的态度，就能够获得；另外一个信封里的内容，同样是你指挥及运用意志力的结果，却因为缺乏坚定的信念，而造成接连不断的惩罚与灾难。选择哪一个信封，就要看你的信念是不是坚定了。善用意志力，你就可以打造出完美的天时、地利与人和。

信念是你最大的无形资产，但你必须以积极的态度使用它，才能得到帮助。记住，未经你的同意和你自己的配合，没有人可以使你生气或是恐惧。

因为前人坚持理想与信念，才开创出现代文明的生活方式及思想体系。这些带领人们改变思想的先驱，促成了工业的进步、科技的发达，让我们得以享用造物者所赐予的一切。的确，只要你对自己的信念坚定不移，就没有做不到的事情。

苏格拉·芙顿女士是美国一位著名的侦探小说家，她如此讲述自己的成名之路："如果 25 年前，就有人告诉你，你将得到你想得到的一切，但是必须等到 25 年后，你听到这些话会有何感想？而眼前的路你又会如何走下去？"凭着一股对写作的执着信仰和热情，她不停地写。在这段长达 25 年的沉寂日子里，她的作品大多不受重视，最终都落入了书桌抽屉的最底层，但她仍旧忠于自己的信念，永不放弃。与其说她企盼挤入作家之列，不如说她只是在文字中坚持自己的信念而已。直到她的写作生涯迈向第 25 年之际，她的作品终于受到出版商的青睐，出版了第一本书，并一举成为家喻户晓的畅销作家。

成功的人都有一个最基本的人生态度，就是永远忠于自己的信念。一个人没有信念，只能平庸地活着；反过来说，拥有信念就能不畏任何艰难，因为信念的力量惊人，它可以改变恶劣的现状，形成令人难以置信的圆满结局。

能够坚持自己信念的人，永远不会被击倒，他们是一群人生的胜利者。信心是打开"不可能做到"这一把锁的钥匙，也是成功者求生存的一块踏脚板，让他们看得更高、更远。有"方向感"的信念，可令我们的每个想法都充满力量。当你用强大的自信去推动自己时，你就可以成就大事。

请先不要说放弃

很多想创业的人都认为创业最需要的是资金，其实这并不是十分正确的，创业最需要的是敢于梦想的勇气和胆量，以及坚韧不拔的信念。

著名心理学家弗洛伊德认为：“梦想是人愿望的达成。”不同的人、不同成长阶段、不同境遇，需求不同，所要达成的愿望也不同，梦想也就不一样。在创业中，假如你被自己的某个梦想吓了一跳，认为那简直是不可能的，就请你先不要放弃，坚持自己的梦想，努力朝梦想迈进，宽阔而精彩的人生舞台有可能就在前面等着你！

社会心理学家马斯洛把人的需求分为五个层次，依次为生理、安全、社会交往、尊重和自我实现。不同的梦想激励人不断跨越障碍、追求社会进步和促进人自身的发展。

王强是一位很普通的乡下孩子，因为没考上高中而来到城里做起了厨师学徒，和所有的年轻人一样，在业余时间也常去网吧里玩玩游戏。一次，他们正在一家网吧里上网，忽然间电脑系统出了故障，网吧里的人只能愣在电脑面前等着技术人员修好，但是过了二十来分钟还没有恢复，有的退钱走人，有些不想走的索性就坐在沙发上大发牢骚。老板安慰大家说：“每家网吧都会出现这样的情况，这是行业通病，没办法的！”说者无心，听者有意！王强心想，既然每家网吧都会出现这样的问题，那如果有一家能专门针对网吧的电脑维修公司，不是有很大的市场？

从那一刻起，王强对电脑的兴趣就从游戏转到了系统、程序上，半个月后，他把足足两个月的工资交到了一家计算机学校，开始学起了网页设计、办公软件等电脑知识。师兄弟们纷纷在背地里取笑他说："一个连高中都没有上过的农村孩子，还想从事什么电脑行业？简直是痴人说梦！"

王强的师父也不止一次地提醒他认真学烧菜才是应该做的事情，甚至还因为他的两头忙而狠狠地批评过王强。但是这没有挡住王强追求梦想的决心，他心里面总是想着那个空白的市场：成立一家为网吧服务的电脑公司！

为了不让师父责备，他尽量做到不迟到、不早退，把所有学习电脑的时间都安排在业余时间里。因为勤奋和努力，他的电脑水平一直在全校名列前茅。后来，一家私人企业到学校聘一位比较优秀的学员，学校很自然地推荐了王强。于是王强辞掉了厨师的工作，去了那家私人企业里上班。王强边工作、边总结，电脑技术变得更加熟练，但半年后，因为在工作中犯了个大错误而被厂家辞退了，王强一下子跌入了失业的深渊。

在自责和自省中，王强在网吧里找到了一份工作，从事网吧的系统维护、服务器维修、安装游戏、寻找页面、做网页设计，一年多的时间里，王强对网吧的流程、设备的维护、网络的管理等方面都了如指掌，于是决定辞职自己干。他打印了许多宣传单，给网吧做电影更新，给毕业学生们做些视频简历。可是当时大家对这种简历的认可度不高，而且费用也不低，坚持了半年鲜有顾客，只能关门大吉。就这样，王强第一次创业失败了。

这时，他那些做厨师的师兄弟们非常善意地对他说："算了，心不要太高，好好做厨师吧！那些事情不是你这样的人所能做的！"

王强感谢师兄弟们的关心，但并没有因此而改变自己的梦想。他觉得电脑已经越来越普及，各地的网吧更是如雨后春笋般出现，而所缺少的正是他这类拥有专业技术的人。王强再次打印了一些宣传单，挨家发给一些网吧，又从朋友那里借来电脑、硬盘和其他一些专业工具，最后到旧货市场买了一张旧写字台，就成立了一家小型网络公司，并且采用了免费试用来吸引客户。没多久，一家网吧老板试用了他的服务，一周后，老板决定用4000元一次性购买他的电脑网络系统维护产品。

这家网吧的认可不仅使他做成了第一笔生意，更为他打造了一个业务示范模本，就这样，第二家、第三家紧接着纷纷而来。

10年时间过去了，当初的小厨师如今已经成为某地一家大型网络公司的老板，办公地点也从出租房移到了写字楼，技术队伍更发展到了30多人，能从事多项网络技术，每年的经营利润就能达到26万元以上。目前，王强又把客户范围延伸至企事业单位的电脑、网络维护、网络安全管理等。对于将来，王强打算在附近的城市陆续开设分公司，努力成为网吧行业的最大网络公司。

有句话说是“只有想不到，没有做不到”，生活中的许多人在心中都会给自己加上一把锁——我只能做这件事！一位17岁的厨师学徒和开办电脑公司之间几乎没有任何关联，但正是这种大梦想，替这位年轻的厨师营造出了一个人生和事业的大舞台！很多想创业的人都认为创业最需要的是资金，其实这并不是十分正确的，创业最需要的是敢于梦想的勇气和胆量，以及坚韧不拔的信念，哪怕这个梦想是跨越了眼前现实的！

认识自己，才会靠近成功

态度决定一切，在你认识自己的那一刻起，你就已经启程向成功靠近了。唯有当自己对自己有个清晰的认识时，才能进一步有效地去认识他人与世界。

使自己能集中精力的最佳办法，就是把自己的人生目标摆在适当的高度，并把人生目标清楚表述出来。在表述你的人生目标时，要以你的梦想和个人的信念作为基础，这样做，有助于把目标定得具体可行，能助你在实施时集中精力，发挥高效率。

在过去的航海时代，曾经有一位第一次出海的年轻水手，当船在北大西洋遇上大风暴的时候，他受命爬上高处去调整风帆使它适应风向。在他向上爬的时候，他犯了个错误——低头向下看。颠簸不定的轮船和波涛汹涌的海浪使他非常恐惧，他开始失去平衡。正在这时，一位有经验的水手在下面向他大喊："向上看！孩子，向上看！"这个年轻的水手按照他说的话做了以后又重新获得了平衡。

当情况看起来似乎很糟糕的时候，你应该看看你是否站错了方向。当你看着太阳的时候，你不会看见阴影。向后看只会使你丧失信心，向前看才会使你充满自信。当前景不太光明的时候，试着向上看——那儿总是好的，你一定会获得成功，要永远把梦想放在那里。

1947年，美孚石油公司董事长贝里奇到开普敦巡视工作，在卫生间里看到一位黑人小伙子虔诚地跪着擦地板。贝里奇感到很奇怪，问他为何如此。黑人答为了感谢一位圣人，是这位圣人帮他找到了这份工作，让他终于有了饭吃。

贝里奇笑着说："我曾经遇到一位圣人，他使我成了美孚石油公司董事长，你愿意见他一下吗？"这位黑人说："我当然愿意。"

贝里奇说："南非有一座非常有名的山，叫大温特胡克山。那上面住着一位圣人，能为人指点迷津，凡是遇到他的人都会前程似锦。20年前，我去南非登上过这座山，正巧遇到他，并得到他的指点。假如你愿意去拜访，我可以向你的经理说情，准你一个月的假。”

这位年轻的黑人在30天里，一路披荆斩棘，风餐露宿，历尽艰辛，终于登上了白雪覆盖的大温特胡克山。他在山顶寻找了一天，除了自己什么都没有遇到。

黑人小伙子很失望地回来了，他遇到贝里奇后说的第一句话是：“董事长先生，一路我处处留意，直到山顶，我发现，除了我之外，没有什么圣人。”

贝里奇说：“你说得很对，除了你自己之外，根本没有什么圣人。”

20年后，这位黑人小伙子成了美孚石油公司开普敦分公司的总经理，他的名字叫贾姆纳。2000年，世界经济论坛大会在上海召开，他作为美孚石油公司的代表参加了大会。在一次记者招待会上，针对他传奇的一生，他说了这么一句话：“您发现自己的那一天，就是您遇到圣人的时候。”

态度决定一切，在你认识自己的那一刻起，你就已经启程向成功靠近了。记得古希腊先哲在希腊德尔斐城阿波罗神庙上写下这样一句话：“人啊，认识你自己。”唯有当自己对自己有个清晰的认识时，才能进一步有效地去认识他人与世界。当然，这里所说的认识是一种积极的认识态度，是一种对生活由衷的热爱态度。所以说生活就像一面镜子，你对它笑，它也对你笑，你对它哭，它也对你哭。卡夫卡说：“受难是这个世界和积极因素之间唯一的联系，当我们用不屈服的人生态度面对生命中的磨难时，我们才不会在生命的快乐中缺席。”

追逐梦想，享受过程

梦想在于过程而不是结果，如果你不会享受过程，纵然你实现了梦想，那也毫无意义。享受过程，远远比享受结果更能带给人快乐。那是一个持久的、给人希望的过程。

人生不是铺满鲜花的路途，而是不断奋斗的历程。在这个艰辛的历程中，最充实的莫过于享受奋斗过程中的美景。有人说："人的一生就是一个过程，我们不能为了追求结果，而忘了享受过程。"享受过程才能让每天的生活充实起来。

看看成功人士，他们在追求梦想的时候，并不是只盯着成功的彼岸，而是脚踏实地走好每一步通向梦想的路。因为在奋斗的过程中，人是容易疲惫的，尤其是在梦想看起来遥不可及的时候。所以，我们应该留意每一个小小的进步，享受每一次小小的成功，那么实现远大的目标就不再让我们感到压力重重。

梦想在于过程而不是结果，如果你不会享受过程，纵然你实现了梦想，那也毫无意义。享受过程，远远比享受结果更能带给人快乐。那是一个持久的、给人希望的过程。生活中，许多事情都是这样，追求爱情、打拼事业、追求梦想等，我们不能太在乎结果，如果以成败论英雄，忽视过程，也就无法领略追求过程当中的那份酸甜苦辣，无法体会那份喜怒哀乐，人生也就缺乏了一种韵味。

泰戈尔说："天空中没有留下翅膀的痕迹，但我已飞过。"飞过就不遗憾，因为飞翔就是在体验过程。关注过程，并不是否定理想，并不是停滞不前，并不是放弃对事业的终极追求。如果理想是一轮升起的太阳，那么，过程就是天边的一抹朝霞，于不经意间折射出夺目的光彩；如果说理想是一棵参天大树，那么，过程就是树苗上的一滴晨露，于无声处焕发出勃勃生机。

茅以升是我国建造桥梁的专家。他小时候，家住在南京。离他家不远有条河，叫秦淮河。每年端午节，秦淮河上都要举行龙船比赛。到了这一天，两岸人山人海。河面上的龙船都披红挂绿，船上、岸上锣鼓喧天，热闹的景象实在让人兴奋。茅以升跟所有的小伙伴一样，每年端午节还没到，就盼望着看龙船比赛了。可是有一年过端午节，茅以升病倒了，小伙伴们都去看龙船比赛，茅以升一个人躺在床上，只盼望小伙伴早点儿回来，把龙船比赛的情景说给他听。小伙伴们直到傍晚才回来，茅以升连忙坐起来说："快给我讲讲，今天的场面有多热闹？"小伙伴们低着头，老半天才说出一句话来："秦淮河出事了！""出了什么事？"茅以升吃了一惊。"看热闹的人太多，把河上的那座桥压塌了，好多人掉进了河里！"听了这个不幸的消息，茅以升非常难过。他仿佛看到许多人纷纷落水，男的、女的、老的、小的，景象凄惨极了。病好了，他一个人跑到秦淮河边，默默地看着断桥发呆。他想，我长大一定要做一个造桥的人，造的大桥结结实实，永远不会倒塌！从此以后，茅以升特别留心各式各样的桥，平的、拱的、木板的、石头的，出门的时候，不管碰上什么样的桥，他都要上下打量，仔细观察，回到家里就把看到的桥画下来。看书、看报的时候，遇到有关桥的资料，他都细心收集起来，天长日久，他积累了很多造桥的知识。他勤奋学习，刻苦钻研，经过长期努力，终于实现了自己的理想，成为一个建造桥梁的专家。

追求梦想的过程漫长而艰辛，经历过什么并不重要，结果是什么也不重要，重要的是在这过程中学会享受。流星的美，在于过程，它以炫目的轨迹点亮夜空，播种下美好的憧憬；潮汐的美，在于过程，它于潮起潮落间迸发激情，演绎着世事沧桑。过程是世间万物的一种存在方式，我们不能因为太在意遥远的梦想而忽略了眼前的风景。

东汉时期，有一个叫班超的著名人物。他从小就很有志气，立志要为国家干一番事业。公元62年（汉明帝永平五年），他的哥哥班固奉命到洛阳担任校书郎，他与母亲也随同前往。由于生活艰苦，班超不得不替官府誊抄文件，每天从早忙到晚，所得的报酬只能维持生活。一天，班超一边抄着文件，一边想起自己的抱负，心情非常激动，忍不住猛然把毛笔扔到地上，叹息说："男子汉大丈夫纵然没有别的大志向，也应该学习张骞，在与别国的交往中建立功勋，以取得封侯。怎么能老是埋头于笔墨纸砚之间呢？"不久，他参加了军队，因作战英勇，身先士卒而得到了升迁。后来，朝廷又派遣班超出使西域。在多次出使西域的过程中，班超只带着少数人，靠着自己的勇敢和智慧克服了重重困难，为加强汉朝与西域各国和古罗马在政治、经济、文化等各方面的联系，做出重要的贡献，被封为定远侯。班超在西域三十余年，直至和帝时，才因年老回国。

没有过程就没有结果，没有人可以错过过程，但过程又是容易被忽视的。正像有人说的"乐也一生，悲也一生"，我们对待世界的态度决定着我们的所得，我们对待梦想的态度决定了我们的成败。处在凄苦的意识中看生活、看困难、看挫折、看问题，往往没有出路。只有换一种态度来看待梦想，迎接困难的挑战，才能在平淡的人生中体验惊喜和乐趣。所以，充实的人生应该在于追求理想的过程，而不仅仅在于结果。由此可见，最充实的人生，莫过于不停追求梦想的人生。

追逐梦想，就是追随奇迹

一粒花籽，只要追随梦想，就能盛开出一个春天；一株树苗，只要追随梦想，就能成长为一片森林；一滴水珠，只要追随梦想，就能汇聚为一片海洋。

很多时候我们总会听到一些这样的抱怨话，如“我的命怎么这么不好啊，他的命怎么这么好”，“他有好的家庭背景，他有钱，他家里有人”等等。其实说这些话的人已经又输了一次了。可悲的是他并不知道，在当今这个社会这些也许很重要，可是在没有这些条件的时候，我们却应该创造一些有利的条件，最重要的就是提高自己的能力。所以当你没有那些客观条件的时候就努力地提高你自己。

有这样一个故事：

以前有一个人他总是抱怨自己的命不好，整天无所事事地愁眉苦脸。于是他找了一个很有名的智者去问答案，这个智者让他伸出他的手，告诉他哪个是生命线，哪个是爱情线，哪个是财运线。然后让他把手紧紧地握起来告诉他说：“小伙子，你看你的命运在谁手里了？”这个小伙子恍然大悟，原来每个人的命运都是掌握在自己手里的。

从某种意义上来说，我们生活的这个世界正是梦想创造出来的。正因为有了飞行的梦想，才会翱翔长空；正因为有了远航的梦想，才会有巨轮劈波斩浪；正因为有了征服的梦想，人类才能站在珠峰之巅……真的，对梦想的执着追随，将会创造出令人惊叹的天地。

一粒花籽，只要追随梦想，就能盛开出一个春天；一株树苗，只要追随梦想，就能成长为一片森林；一滴水珠，只要追随梦想，就能汇聚为一片海洋。追随梦想，也就是追随奇迹。

不要恐惧过程中的风雨

马云说："今天很残酷，明天很残酷，后天很美好，但是大部分人都死在了明天晚上，而唯有毅力卓绝的人才能走到最后，见到光明。"

有人问一位智者："请问，怎样才能成功呢？"智者笑笑，递给他一颗花生："用力捏捏它。"那人用力一捏，花生壳碎了，只留下花生仁。

"再搓搓它。"智者说。

那人又照着做了，红色的种皮被搓掉了，只留下白白的果实。

"再用手捏它。"智者说。

那人用力捏着，却怎么也没法把它毁坏。

"再用手搓搓它。"智者说。

当然，什么也搓不下来。

"虽然屡遭挫折，却有一颗坚强的、百折不挠的心，这就是成功的秘密。"智者说。

既然选择了前方，便不顾风雨兼程。

既然选择了彼岸，便不顾狂风巨浪。

志在高山，就要披荆斩棘。

志在大海，就要劈波斩浪。

马云说："今天很残酷，明天很残酷，后天很美好，但是大部分人都死在了明天晚上，而唯有毅力卓绝的人才能走到最后，见到光明。"

拿创业来说，从无到有地建立一份事业，其中的艰辛是可想而知的。事业的成功总会需要一定的经验、资本等，而年轻的创业者往往总会在这些方面或多或少有些欠缺。所以，为了事业的成功，就得付出代价，更需要具备过人的毅力来承受在创业路上可能遇到的各种艰难和挫折。无论在创业的原始阶段，还是事业真正发展的阶段，这种毅力都是成功不可缺少的一种精神食粮。从来没有一帆风顺的事业，在关键时刻只要你能通过自己坚强的毅力，克服并战胜这些艰难困苦，成功一定会在不远的地方等着你。对于许多创业成功的人士，这些挫折和困难都是为了让你更成功而设的小把戏。

我们或许经常看到有些人看到别人的成功总是认为是别人运气好、机会好，而自己一天到晚觉得自己有很多想法，"我要怎样、怎样"，甚至连有钱后怎么花都想到了。但是他们天天还是按照固定的路线去单位上班，趁领导不注意跑出去吃顿廉价的早餐，这样年复一年、日复一日地生活着，到最后只好把自己的理想和抱负寄托在小孩身上。他们还会时常对自己的孩子抱怨："爸爸这辈子机遇不好，没啥指望了，你可要好好努力，抓住机遇，不要让我太失望噢！"

其实，这种人一生碌碌无为并不是因为没有理想和追求，而是他的理想和追求全部都淹没在恐惧失败的心理中。他们总是在想万一失败了怎么办，对于过程中可能失败的恐惧远远大于对于成功的渴望。其实，在不断失败之后不断总结才是真正的成功之母，通过每次失败后不断检讨自己失败的原因，校正前进的方向，才能逐步迈向成功！所以不要恐惧过程中的风雨，因为它们都是你到达前方所必须经历的。